黄河岛鸟类图谱

孙虎山　　左进城　　王寿军　主编

山东大学出版社
SHANDONG UNIVERSITY PRESS
·济南·

图书在版编目（CIP）数据

黄河岛鸟类图谱 / 孙虎山主编 . —济南：山东大
学出版社，2023.11
　　ISBN 978-7-5607-7997-3

　　Ⅰ . ①黄… 　Ⅱ . ①孙… 　Ⅲ . ①鸟类－无棣县－图谱
Ⅳ . ① Q959.708-64

中国国家版本馆 CIP 数据核字（2023）第 216891 号

策划编辑　宋嫣嫣
责任编辑　宋嫣嫣
封面设计　蓝海文化

黄河岛鸟类图谱
HUANGHEDAO　NIAOLEI　TUPU

出版发行　山东大学出版社
社　　址　山东省济南市山大南路 20 号
邮　　编　250100
电　　话　（0531）88363008
经　　销　新华书店
印　　刷　山东蓝海文化科技有限公司
规　　格　787 毫米 ×1092 毫米　1/16
　　　　　17.25 印张　260 千字
版　　次　2023 年 12 月第 1 版
印　　次　2023 年 12 月第 1 次印刷
定　　价　98.00 元

前　言

　　黄河岛位于山东省滨州市无棣县的东北部，濒临渤海，系古黄河冲积、大禹疏通九河的入海处，因其居黄河古道、处黄河三角洲而得名，总面积为695.8公顷。岛周边河流环绕，岛南端有一碧波荡漾的人工水库，岛上还有成片的人工林、农田、盐碱滩、芦苇荡、沼泽地和水产养殖池塘等多种多样的生态景观，因其得天独厚的天然生态环境优势，曾先后获评国家AAAA级旅游景区、国家级湿地公园、全国野生动植物保护科普教育基地、山东省生态文明科普教育基地、山东省林业科普基地等荣誉称号。

　　黄河岛国家级湿地公园，以湿地生态系统为主要保护对象，自2012年建设以来，实施了一系列生态保护和修复举措，湿地率、自然环境、动植物种类等较以往都有了较大提升。湿地面积为475公顷，湿地率为68.27%。湿地类型主要包括河口水域湿地、永久性河流湿地、洪泛平原湿地、草本沼泽湿地、库塘湿地和输水河湿地六种。黄河三角洲处于东北亚内陆、东亚至澳大利亚和环西太平洋鸟类迁徙的通道上，黄河岛作为黄河三角洲的重要组成部分之一，鸟类资源丰富多样，是多种鸟类迁徙途中的重要停歇地，也是多种鸟类的重要越冬地和繁殖地。岛上拥有数个湖心岛的人工湖泊是水鸟的乐园，退潮后的沿海滩涂湿地是鸻鹬类水鸟的重要能量补充场所和活动栖息地，废弃的养殖池塘人工湿地是春秋迁徙季及越冬季水鸟喜栖的场所，被低矮植被覆盖的大面积荒滩是环颈鸻、金眶鸻、燕鸻及黑翅长脚鹬等水鸟的重要营巢地，一望无际的草本沼泽湿地给越冬的东方白鹳、灰鹤等大型珍稀水鸟提供了良好的摄食及隐蔽场所，芦苇及灌丛是多种小型鸟类的喜栖地和部分营地巢鸟类的营巢地，沿海滩涂湿地中珍贵的人工乔木林为多类群鸟类提供了觅食活动地、夜宿地和营巢地。

　　鲁东大学生命科学学院自2017年开始，把黄河岛作为动物学野外实习基地，并曾于2017年和2018年两年间的不同季节对黄河岛的鸟类群落进行了多次野外调查，受滨州贝壳堤岛与湿地国家级自然保护区管理服务中心的委托，又于2021年6月至2022年11月再次对黄河岛鸟类进行了不同季节的野外调查。我们以6年多来的实地调查和照片拍摄记录为主体，并征集了滨州市观鸟爱好者在黄河岛及其周边地区拍摄的部分鸟类照片，编纂成书，以期为黄河岛鸟类的研究与保护积累基础资料，为高等学校生物科学等专业动物学实习中的鸟类实习部分提供指导，也可作为观鸟爱好者在黄河岛及其周边地区观鸟的参考工具书。

　　在鸟类调查和资料收集过程中，滨州市自然资源和规划局及中喜安汇控股集团有限公司给予了大力支持，在此表示诚挚的感谢。

　　由于作者水平有限，书中差错和不当之处在所难免，请专家、学者和同行批评指正。

作　者

2023年6月

目　录

黄河岛自然概况

　　黄河岛位于山东省滨州市无棣县的东北部，濒临渤海，介于东经118°00′55″～118°04′06″、北纬37°54′59″～38°00′25″之间，系古黄河冲积而成，是大禹疏通九河的入海处，总面积为695.8公顷。因其居黄河古道、处黄河三角洲而得名。岛南端拥有一个碧波荡漾的人工水库，东西两侧被套尔河和秦口河两条经套尔河入海的咸淡水河流环绕。黄河岛湿地资源丰富、类型多样，为国家级湿地公园。

　　黄河岛国家级湿地公园的湿地面积为475公顷，占公园总面积的68.27%。根据《全国湿地资源调查技术规程（试行）》的分类系统，黄河岛湿地公园的湿地类型可分为河口水域湿地、永久性河流湿地、洪泛平原湿地、草本沼泽湿地、库塘湿地和输水河湿地六种类型。河口水域湿地包括套尔河有防潮堤的河段，总面积为186.5公顷，占湿地面积的39.26%；永久性河流湿地包括无棣县境内套尔河南部没有防潮堤的河段，总面积为35.8公顷，占湿地总面积的7.54%；洪泛平原湿地包括套尔河南部河滩部分，总面积为25.3公顷，占湿地总面积的5.33%；草本沼泽湿地包括水库以东的芦苇湿地，总面积为31.5公顷，占湿地总面积的6.63%；库塘湿地包括水库和秦口河东侧北面和南面的湿地，总面积为58.7公顷，占湿地总面积的12.36%；输水河湿地包括秦口河的水域，总面积为137.2公顷，占湿地总面积的28.88%。

　　黄河岛不仅湿地资源丰富多样，其天然滨海类自然湿地生态还得到了较好的保留。岛上地势平坦，除有水库和河流外，还有人工林、农田、盐碱滩、芦苇荡、沼泽地和养殖池塘等多种生态景观，可以为鸟类提供丰富的食物和良好的栖息空间。岛上无常住居民，对鸟类等生物的人为干扰程度相对较低。黄河岛所在的黄河三角洲处于东北亚内陆、东亚至澳大利亚和环西太平洋鸟类迁徙的通道上，因此，岛上鸟类资源较丰富，是鸟类重要的越冬地、繁殖地和迁徙途中停歇地。作为黄河三角洲区域生物多样性保护的重要节点，黄河岛国家级湿地公园对保护生物多样性、维护良好生态环境发挥着重要的作用。

四面环水的黄河岛

黄河岛南部拥有数个湖心岛的人工湖泊是水鸟的乐园 / 孙虎山

退潮后的沿海滩涂湿地是鸻鹬类水鸟的重要能量补充场和活动地 / 孙虎山

废弃的养殖池塘人工湿地是春秋迁徙季及越冬季水鸟喜栖的场所 / 黄清荣

被低矮植被覆盖的大面积荒滩是环颈鸻、金眶鸻、燕鸻及黑翅长脚鹬等水鸟的重要营巢地 / 孙虎山

一望无际的草本沼泽湿地给越冬的东方白鹳、灰鹤等大型珍稀水鸟提供了良好的摄食及隐蔽场所 / 孙虎山

沿海滩涂湿地中珍贵的人工乔木林是多类群鸟类的觅食活动地和夜宿地 / 孙虎山

芦苇及灌丛既是多种鸟类的喜栖地，又是部分营地巢鸟类的营巢地 / 左进城

黄河岛因其得天独厚的天然生态环境优势，曾先后获评国家 AAAA 级旅游景区、国家湿地公园、国家野外科学观测研究基地、全国十佳休闲农庄、山东省自驾游示范点、2014 年好客山东最具特色乡村旅游目的地品牌、山东省生态文明科普基地、山东省科普教育基地、山东省旅游服务名牌、2019 年山东省最美健身游路线等多个荣誉称号。

黄河岛鸟类分布特点

关于黄河三角洲的鸟类资源及其多样性已有部分研究报道。赛道建等（1992）观察记录到黄河三角洲地区鸟类 160 种。贾建华等（2003）记录到黄河三角洲湿地鸟类 199 种。田家怡（1999）结合文献资料和现场调查，认定黄河三角洲有鸟类 272 种。刘月良等（2013）确认黄河三角洲鸟类有 367 种。

黄河岛位于黄河三角洲的北部，该区域作为黄河三角洲的重要组成部分，其鸟类的群落组成与前述学者记录的黄河三角洲鸟类有较大的相似性，又因黄河岛的生境类型及组成存在自身的特点，所以黄河岛鸟类的群落组成及分布又有别于其他区域，但关于黄河岛鸟类多样性的研究却未见报道。

黄河岛国家湿地公园所记录的 39 种国家Ⅰ级和Ⅱ级重点保护鸟类

物种名称	居留型和区系分布	保护等级	受胁等级
白鹤 *Grus leucogeranus*	旅鸟，古	Ⅰ级	CR
白枕鹤 *Grus vipio*	旅鸟，古	Ⅰ级	VU
白头鹤 *Grus monacha*	旅鸟，古	Ⅰ级	VU
黑嘴鸥 *Saundersilarus saundersi*	夏候鸟，古	Ⅰ级	VU
遗鸥 *Ichthyaetus relictus*	旅鸟，古	Ⅰ级	VU
黑鹳 *Ciconia nigra*	旅鸟，古	Ⅰ级	LC
东方白鹳 *Ciconia boyciana*	夏候鸟，古	Ⅰ级	EN
乌雕 *Clanga clanga*	旅鸟，古	Ⅰ级	VU
鸿雁 *Anser cygnoid*	旅鸟，古	Ⅱ级	VU
白额雁 *Anser albifrons*	旅鸟，古	Ⅱ级	LC
小白额雁 *Anser erythropus*	旅鸟，古	Ⅱ级	VU
小天鹅 *Cygnus columbianus*	冬候鸟，古	Ⅱ级	LC
大天鹅 *Cygnus cygnus*	冬候鸟，古	Ⅱ级	LC
鸳鸯 *Aix galericulata*	旅鸟，古	Ⅱ级	LC
花脸鸭 *Sibirionetta formosa*	旅鸟，古	Ⅱ级	LC
斑头秋沙鸭 *Mergellus albellus*	冬候鸟，古	Ⅱ级	LC
灰鹤 *Grus grus*	冬候鸟，古	Ⅱ级	LC
白腰杓鹬 *Numenius arquata*	旅鸟，古	Ⅱ级	NT
大杓鹬 *Numenius madagascariensis*	旅鸟，古	Ⅱ级	EN
大滨鹬 *Calidris tenuirostris*	旅鸟，古	Ⅱ级	EN
白琵鹭 *Platalea leucorodia*	旅鸟，古	Ⅱ级	LC
鹗 *Pandion haliaetus*	旅鸟，广	Ⅱ级	LC
黑翅鸢 *Elanus caeruleus*	留鸟，广	Ⅱ级	LC
雀鹰 *Accipiter nisus*	旅鸟，古	Ⅱ级	LC
白腹鹞 *Circus spilonotus*	旅鸟，广	Ⅱ级	LC
白尾鹞 *Circus cyaneus*	留鸟，古	Ⅱ级	LC
鹊鹞 *Circus melanoleucos*	旅鸟，古	Ⅱ级	LC
黑鸢 *Milvus migrans*	留鸟，广	Ⅱ级	LC
大𫛭 *Buteo hemilasius*	冬候鸟，古	Ⅱ级	LC
普通𫛭 *Buteo japonicus*	冬候鸟，古	Ⅱ级	LC
长耳鸮 *Asio otus*	留鸟，古	Ⅱ级	LC
红隼 *Falco tinnunculus*	留鸟，广	Ⅱ级	LC
红脚隼 *Falco amurensis*	夏候鸟，广	Ⅱ级	LC
燕隼 *Falco subbuteo*	旅鸟，古	Ⅱ级	LC
游隼 *Falco peregrinus*	留鸟，广	Ⅱ级	LC
云雀 *Alauda arvensis*	冬候鸟，古	Ⅱ级	LC
震旦鸦雀 *Paradoxornis heudei*	留鸟，广	Ⅱ级	NT
红胁绣眼鸟 *Zosterops erythropleurus*	旅鸟，古	Ⅱ级	LC
红喉歌鸲 *Calliope calliope*	旅鸟，古	Ⅱ级	LC

注：区系分布：广表示广布种，东表示东洋界种，古表示古北界种。

受胁等级：世界自然保护联盟（IUCN）红色动物名录中的濒危等级，CR– 极危，EN– 濒危，VU– 易危，NT– 近危，LC– 无危。

孙虎山等于2017年和2018年的不同季节对黄河岛的鸟类群落进行了多次野外调查，共记录鸟类14目、34科、117种。受滨州贝壳堤岛与湿地国家级自然保护区管理服务中心的委托，孙虎山等采用样线法和样点法于2021年6月至2022年11月，对黄河岛鸟类再次进行了不同季节的6次调查，记录鸟类16目、46科、166种，并对2021年和2022年的调查进行了鸟类的群落组成分析。该结果对掌握黄河岛鸟类的种类、种群数量及分布状况，对发现黄河岛鸟类面临的威胁及评估黄河岛鸟类的保护成效，为濒危、旗舰等重点鸟类和重要生态景观保护及保育策略的制定提供了一定的科学依据。该调查及本书的鸟类分类系统采用郑光美《中国鸟类分类与分布名录（第三版）》的分类系统（2017）。

本书所记录的166种鸟类中，有国家Ⅰ级和Ⅱ级重点保护野生鸟类9目、39种，其中Ⅰ级有8种、Ⅱ级有31种，占我国国家Ⅰ级和Ⅱ级重点保护野生鸟类总物种数目的9.90%，达无棣县国家重点保护野生鸟类种数保护率的78%。这些鸟类涉及雁形目、鹤形目、鸻形目、鹳形目、鹈形目、鹰形目、鸮形目、隼形目及雀形目共9目、14科。其中，以鹰形目（10种）和雁形目（8种）的种类为最多。本书记录的山东省重点保护鸟类共有9目、23种，占山东省重点保护鸟类总数目的43.40%。

根据世界自然保护联盟（IUCN）红色动物名录受胁鸟类濒危等级数据，本书所记录的黄河岛滨海湿地166种鸟类中，处于极危（CR）等级的鸟类有1种，为白鹤（*Grus leucogeranus*）；处于濒危（EN）等级的有3种，即大杓鹬（*Numenius madagascariensis*）、大滨鹬（*Calidris tenuirostris*）、东方白鹳（*Ciconia boyciana*）；处于易危（VU）等级的有8种，即鸿雁（*Anser cygnoides*）、小白额雁（*Anser erythropus*）、红头潜鸭（*Aythya ferina*）、白枕鹤（*Grus vipio*）、白头鹤（*Grus monacha*）、黑嘴鸥（*Saundersilarus saundersi*）、遗鸥（*Ichthyaetus relictus*）、乌雕（*Clanga clanga*）；处于近危（NT）等级的有7种，即鹌鹑（*Coturnix japonica*）、罗纹鸭（*Mareca falcata*）、蛎鹬（*Haematopus ostralegus*）、黑尾塍鹬（*Limosa limosa*）、白腰杓鹬（*Numenius arquata*）、红颈滨鹬（*Calidris ruficollis*）、震旦鸦雀（*Paradoxornis heudei*）；其他鸟类处于无危（LC）状态或无等级记录。

本书所记录的鸟类分属于6种生态类型。其中，鸣禽的种类最多，占所记录鸟类总数目的33.13%；其次为涉禽，占所记录鸟类总数目的26.51%；游禽的种类仅次于涉禽，占所记录鸟类总数目的25.30%；猛禽、攀禽和陆禽分别占所记录鸟类总数目的9.04%、3.61%和2.41%。涉禽和游禽两种生态类型所组成的水鸟共7目、86种，包括鸻形目、雁形目、鹈形目、鹤形目、鹳形目、鲣鸟目，占所记录鸟类总种数的51.81%。因此，由涉禽和游禽构成的湿地水鸟及林鸟中的鸣禽是黄河岛滨海湿地的主要生态类群，占黄河岛

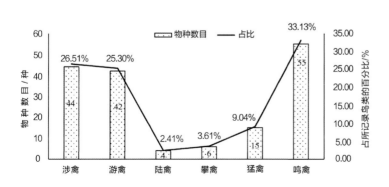

黄河岛国家湿地公园2021—2022年6次调查所记录的166种鸟类所属的生态类型组成

滨海湿地鸟类总物种数目的 84.94%。

黄河岛的秦口河和套尔河汇合处经常聚集着许多水鸟，图示一群红嘴巨燕鸥正在退潮后的河道觅食 / 孙虎山

黄河岛成片闲置农田雨后积水处常常引来水鸟，图示一群鹤鹬正在嬉戏觅食 / 孙虎山

　　本书所记录的 166 种鸟类的居留型包括旅鸟、留鸟、夏候鸟和冬候鸟 4 种。其中，旅鸟的种类最多，共 65 种，约占所记录鸟类总种数的 39.16%；留鸟 39 种，约占所记录鸟类总种数的 23.49%；夏候鸟 35 种，约占所记录鸟类总种数的 21.08%；冬候鸟 27 种，约占所记录鸟类总种数的 16.26%。

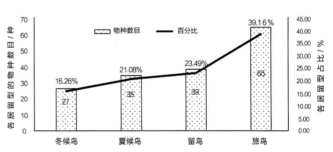

黄河岛国家湿地公园 2021 — 2022 年 6 次调查所记录的 166 种鸟类的居留型组成

调查结果显示，黄河岛滨海湿地是南北迁徙 60 余种鸟类的途经停歇地，是包括冬候鸟和留鸟在内的 66 种鸟类的越冬栖息地，是包括夏候鸟和留鸟在内的 74 种鸟类的繁殖地。越冬鸟类中，水鸟有 5 目、29 种，占越冬鸟类总物种数目的 43.94%。繁殖鸟类中，部分种类的巢址选在黄河岛国家级湿地公园，部分在其周边，繁殖期及繁殖后期来黄河岛觅食。黄河岛广阔的大面积裸露滩面及湿地为黑翅长脚鹬（*Himantopus himantopus*）、反嘴鹬（*Recurvirostra avosetta*）、蛎鹬、普通燕鸻（*Glareola maldivarum*）、环颈鸻（*Charadrius alexandrinus*）、白额燕鸥（*Sternula albifrons*）、普通燕鸥（*Sterna hirundo*）等鸻鹬类鸟类提供了重要的繁殖巢址选择地，也是震旦鸦雀（*Paradoxornis heudel*）、东方大苇莺（*Acrocephalus orientalis*）等在芦苇丛中筑巢鸟类的重要繁殖支持地。

黄河岛北部套尔河岸边产在低矮草丛旁的环颈鸻卵 / 王宜艳

黄河岛北部套尔河岸边低矮植被旁环颈鸻雌鸟正在巢中孵卵，雄鸟在不远处负责警戒 / 王宜艳

黄河岛东部大面积闲置农田上进行繁殖活动的普通燕鸻 / 孙虎山

在 2021 年 6 月至 2022 年 12 月的 6 次调查中，每次所记录的鸟类个体数量差异很大。记录到个体数量最多的一次是 2021 年 12 月的越冬鸟类调查，共记录到 3 万余只，主要是水鸟。优势度分析结果显示，越冬鸟类个体数量的主要构成者是水鸟，越冬鸟类的优势种为豆雁（*Anser fabalis*），常见种为绿头鸭（*Anas platyrhynchos*）、斑嘴鸭（*Anas zonorhyncha*）和白骨顶（*Fulica atra*）。夏季繁殖鸟类中，黑翅长脚鹬为优势种，常见种包括反嘴鹬、环颈鸻、白额燕鸥、普通燕鸥、鸥嘴噪鸥（*Gelochelidon nilotica*）、普通燕鸻、斑嘴鸭、绿头鸭、短趾百灵（*Alaudala cheleensis*）、喜鹊（*Pica pica*）、白头鹎（*Pycnonotus sinensis*）、东方大苇莺、麻雀（*Passer montanus*）、环颈雉（*Phasianus colchicus*）等。

2021 年冬季近万只豆雁在黄河岛东南部草本沼泽及废弃养殖池塘中越冬 / 孙虎山

不同样线调查结果显示，黄河岛东南部是鸟类丰富度最高的区域，与该区域拥有水库、大面积草本沼泽、人工养殖池塘及幼龄人工林等多种生境类型密切相关；位于岛西北部秦口河与徒骇河交接处的河口湿地鸟类丰富度也较高，与该处滩面宽阔及人类活动干扰较少相关；而旱田及交通要道两侧区域鸟类的种类和数量均较少。

上述黄河岛鸟类调查结果说明，黄河岛国家级湿地公园拥有较广阔的湿地面积和多样的生境类型，鸟类多样性程度高，重点保护鸟类及受胁物种多，越冬鸟类尤其是水鸟个体数量大，可达到国家级重要意义湿地的越冬水鸟个体数量标准，是鸟类尤其是水鸟和部分国家级重点保护鸟类的重要越冬栖息地、迁徙途中停歇地及繁殖地，也是重点保护鸟类及受胁鸟类不同生活史阶段的重要生存栖息地，应对该湿地的生态环境及鸟类重点加强保护。

上述黄河岛鸟类的调查受调查次数及方法的局限，虽可以反映黄河岛鸟类群落组成的基本特征，但有关鸟种数量的记录尚不够全面。为了更全面地确认黄河岛鸟类的种类，本书撰写过程中参考了孙虎山在 2017 年以来其他时间及其他作者常年对黄河岛及其周边鸟类的多次观察拍摄记录，收录了黄河岛国家级湿地公园及其相邻周边鸟类 255 种，隶属 19 目、54 科。

鸡形目 GALLIFORMES
雉科 Phasianidae

| 鹌鹑 | *Coturnix japonica* | Japanese Quail | 雉科 Phasianidae |

鹌鹑，体长 20 cm，体型短圆。嘴灰色，短而厚，下弯。虹膜红褐色。雄鸟夏羽头部具近白色长眉纹和顶冠纹，喉和脸颊栗色。上体和两翼暗褐色，具皮黄色长条纹。上胸和两胁栗褐色，其余下体皮黄色。尾短，黑褐色，具黄白色羽缘。脚浅黄褐色。冬羽颏、喉白色但喉部具红褐色喉带。雌鸟颏、喉皮黄色，上胸具黑色斑纹。

留鸟。常见于岛上的低矮草地和农田，春秋迁徙季还可见于路边林缘。因体色与环境相似，且离人很远时就趴在草丛下不动，所以极难看清楚。

鹌鹑 / 周志浩

鹌鹑 / 王宜艳

| 环颈雉 | *Phasianus colchicus* | Common Pheasant | 雉科
Phasianidae |

环颈雉，雄鸟体长 85 cm，雌鸟体长 60 cm。雄鸟体色艳丽。嘴暗白色而基部灰色。前额黑色富蓝绿色光泽。虹膜和眼周裸皮红色。有蓝黑色耳羽簇。颈大部分绿色，具白色颈圈。上背羽毛基部褐色，羽干纹白色、端部黑色，两侧金黄色，下背和腰蓝灰色，具黑黄相间横斑。胸部紫铜红色，两胁淡黄色，具深栗色斑点，腹部黑色。两翼灰色。尾长而尖，尾部具有黑色横纹。跗蹠黄绿色、有短距。雌鸟体色暗淡，多为棕黄色或褐色，全身具黑色斑纹，眼周裸皮白色，尾较雄鸟短，呈灰棕褐色，跗蹠红绿色，无距。

留鸟。终年常见于岛上各处林地、灌丛、草地和农田，甚至经常横过马路。

环颈雉 / 雌鸟 / 李福友

环颈雉 / 雄鸟 / 孙虎山

雁形目 ANSERIFORMES
鸭科 Anatidae

鸿雁	*Anser cygnoid*	Swan Goose	鸭科 Anatidae

　　鸿雁，体长 88 cm。雌雄相似。嘴黑色，长且与平滑的额成一直线，嘴基环绕一条白色细纹，将嘴和额分开。虹膜褐色。前颈白色，后颈棕褐色，二者分界明显。上体灰褐色，淡白色的羽缘形成明显的白色斑纹或横纹。下体前颈下部和胸肉桂色，向后变淡，下腹部和尾下覆羽白色。脚橘黄色。

　　旅鸟。春秋两个迁徙季节在岛上可见空中飞过的雁群，偶尔可见到在岛上停歇的个体。为国家二级保护动物。

鸿雁 / 王宜艳

鸿雁 / 周志浩

| 豆雁 | *Anser fabalis* | Bean Goose | 鸭科
Anatidae |

豆雁，体长80 cm。雌雄相似。头较扁。嘴长似鸿雁，黑色且具橘黄色次端条带。虹膜褐色。全身灰褐色。颈部较长，棕褐色并具暗灰色纵纹。上体暗灰褐色，飞羽和翼上覆羽黑褐色，具白色羽缘。下体污白色，两胁具灰褐色横斑。尾羽黑褐色，具白端斑。脚橙黄色。

冬候鸟。每年10月初开始成群结队来岛上，数量大，多停歇一段时间后继续南迁，部分留下越冬，2月下旬始北迁繁殖地，为黄河岛越冬水鸟中的优势种。主要见于岛东南部沼泽和开阔低矮草地，也见于农田、养殖池塘、水库和四周的河流。

豆雁 / 孙虎山

豆雁 / 孙虎山

短嘴豆雁 · *Anser serrirostris* · Tundra Bean Goose · 鸭科 Anatidae

短嘴豆雁，体长 80 cm，与豆雁相似。头较豆雁圆。嘴短，粗壮，嘴基厚，下嘴向外歪曲，黑色且具橘黄色次端条带。虹膜褐色。全身灰褐色。颈部较短，棕褐色，具暗灰色纵纹。上体暗灰褐色，飞羽和翼上覆羽黑褐色，具白色羽缘。下体污白色，两胁具灰褐色横斑。尾羽黑褐色，具白端斑。脚橙黄色。

旅鸟。11、12 月可见自岛上空飞过的雁群，偶见停歇个体。

短嘴豆雁／周志浩

| 灰雁 | *Anser anser* | Graylag Goose | 鸭科 Anatidae |

灰雁，体长 76 cm。雌雄相似。体大而肥胖，通体灰褐色。嘴粉红色，嘴基无白色，或仅上嘴基部有一条不明显的狭窄白纹。虹膜黑褐色。上体和两翼灰褐色并具白色羽缘，形成扇贝状纹。胸浅烟灰色，其余下体灰白色或白色。脚粉红色。

冬候鸟或旅鸟。秋季迁徙季节在岛上可见空中飞过的雁群，偶尔可见到在岛上越冬的个体。

灰雁 / 王宜艳

灰雁 / 周志浩

灰雁 / 周志浩

白额雁　*Anser albifrons*　Greater White-fronted Goose　鸭科 Anatidae

　　白额雁，体长 80 cm。雌雄相似。嘴肉红色，嘴甲灰白色，上嘴基部与前额具宽阔白斑且未延伸至上额，斑后缘黑色。虹膜黑褐色。头颈棕褐色，头顶和后颈暗褐色，颈具暗灰色纵纹。上体自背部到腰均为灰褐色，尾上覆羽白色。翼上覆羽和飞羽灰褐色或黑褐色，具白色羽缘。下体胸、腹部灰白色且具不规则黑斑，两胁灰褐色，尾下覆羽白色。尾羽黑褐色，具白端斑。脚橘黄色。

　　旅鸟。10、11 月常见于岛东南部沼泽地，成大群。3、4 月偶见在岛上停歇的个体。为国家二级保护动物。

白额雁 / 孙虎山

白额雁 / 王宜艳

| 疣鼻天鹅 | *Cygnus olor* | Mute Swan | 鸭科 Anatidae |

疣鼻天鹅，体长 150 cm，大而优雅。雄鸟嘴橘红色，前额黑色，凸起形成疣状突。虹膜褐色。通体雪白。尾部较长。脚黑色。游水时颈部呈"S"形，两翼常高拱。雌鸟无疣状突或突起较小，体型也较小。幼鸟体色较暗，嘴暗粉红色，基部和鼻孔周围黑色。

旅鸟。秋季迁徙季节在岛南部水库等较开阔水域偶尔可见到停歇个体。为国家二级保护动物。

疣鼻天鹅 / 周志浩

疣鼻天鹅 / 周志浩

小天鹅	*Cygnus columbianus*	Tundra Swan	鸭科 Anatidae

小天鹅，体长 120 cm。雌雄相似。嘴黑色而嘴基黄色，黄色区域较大天鹅小，未延伸至鼻孔以下。虹膜褐色。头较大天鹅更圆，颈粗短。全身羽毛白色，头顶、枕部略带棕黄色。脚短健，黑色。亚成鸟体羽淡灰褐色，嘴基淡粉色。

冬候鸟或旅鸟。11、12 月可见于岛南部水库和周边水产养殖池，成小群，少量在岛上越冬。为国家二级保护动物。

小天鹅 / 孙虎山

小天鹅 / 孙虎山

| 大天鹅 | *Cygnus Cygnus* | Whooper Swan | 鸭科
Anatidae |

大天鹅，体长 140 cm。雌雄相似。嘴黑色而嘴基黄色，嘴基黄色面积比嘴端部黑色大，且延伸至鼻孔以下，前端多呈锐角，鼻孔椭圆形。虹膜褐色。头近似三角形。颈显瘦长，与身体长度几乎相等。全身羽毛白色。脚黑色。亚成鸟体羽淡灰褐色，嘴基粉色。

冬候鸟。11 月至次年 3 月见于岛南部水库和周边水产养殖池，成小群。为国家二级保护动物。

大天鹅 / 孙虎山

大天鹅 / 孙虎山

翘鼻麻鸭	*Tadorna tadorna*	Common Shelduck	鸭科 Anatidae

　　翘鼻麻鸭，体长 60 cm，大型鸭。嘴赤红色并略上翘，雄鸟繁殖期额部有红色冠状瘤，雌鸟无冠状瘤。虹膜棕褐色。雄鸟头和颈黑色，具绿色金属光泽。体羽多白色，从上背至胸有一条栗色环带，肩部黑色。初级飞羽黑色，次级飞羽绿色，形成翼镜。腹中央有一条宽的黑色纵带。尾羽白色，具黑色横斑。脚红色。雌鸟体色较浅，前额有白色斑点，栗色胸环较窄，腹部黑色纵带不清晰。

翘鼻麻鸭 / 雄鸟 / 孙虎山

　　旅鸟。4 月、10~12 月常见于岛南部水库及其外围养殖池塘和河滩。

翘鼻麻鸭 / 雌鸟 / 孙虎山

赤麻鸭　　*Tadorna ferruginea*　　Ruddy Shelduck　　鸭科 Anatidae

赤麻鸭，体长 63 cm，大型鸭。嘴黑色。虹膜黑色。雄鸟全身赤黄色，头顶棕黄白色。繁殖季颈基部有一窄的黑色领环。上体赤黄色，尾上覆羽黑色。翼上覆羽白色，初级飞羽黑色，翼镜铜绿色。下体棕黄褐色。尾黑色。脚黑色。雌鸟较雄鸟体色稍淡，头顶和头侧几近白色，颈无黑色领环。

冬候鸟。10 月至次年 4 月见于岛东南水库和沼泽地以及外围的养殖池塘和河滩。

赤麻鸭 / 孙虎山

赤麻鸭 / 雄鸟 / 孙虎山

鸳鸯 　　*Aix galericulata*　　Mandarin Duck　　鸭科
Anatidae

　　鸳鸯，体长 40 cm。雄鸟嘴红色，雌鸟嘴灰色。虹膜褐色。雄鸟额和头顶中央翠绿色并具金属光泽，眉纹白色，颊橙黄色，枕赤铜色与后颈暗绿色的长羽形成羽冠。背和腰暗褐色，具铜绿色光泽。翼上覆羽和飞羽多为暗褐色或褐色，翼镜蓝绿色，最后一枚三级飞羽先端和内翈橙黄色，扩大成醒目的帆状立于后背。上胸及胸侧暗紫色，下胸乳白色、两侧绒黑色且具两条白色带，其余下体乳白色。尾羽暗褐色，带金属绿色。脚橙黄色。雌鸟眼周具白圈，眼后具白色眼线，上体灰褐色，无冠羽，胸及两胁棕褐色并具淡色斑点。

　　旅鸟。3、4 月和 9~11 月的迁徙季节可见小群停歇于环岛河流的河滩和养殖池塘。为国家二级保护动物。

鸳鸯 / 孙虎山

鸳鸯 / 孙虎山

| 赤膀鸭 | *Mareca strepera* | Gadwall | 鸭科 Anatidae |

赤膀鸭，体长 50 cm。雄鸟嘴黑色，雌鸟嘴橙黄色而嘴峰黑色。虹膜褐色。雄鸟前额棕色，头顶棕色杂有黑褐色斑纹，嘴基至耳区有一条暗褐色贯眼纹。颈部具棕红色领圈，领圈在后颈中部断开。背暗褐色，具白色波状细斑。两翼具宽阔的棕栗色横斑，翼镜黑白两色。胸和两胁白色，密布鳞状暗褐色细斑，腹白色，微具褐色细斑，尾下覆羽黑色。尾羽灰褐色，具白色羽缘。脚橙黄色。雌鸟头和颈侧浅棕白色，密布黑色细纹，翼上无棕栗色横斑。

赤膀鸭 / 孙虎山

冬候鸟。9 月至次年 3 月常见于岛东南部沼泽地和水库以及环岛河流的河滩和养殖池塘，迁徙季节可见到几百只的大群。

赤膀鸭 / 孙虎山

| 罗纹鸭 | *Mareca falcata* | Falcated Duck | 鸭科
Anatidae |

罗纹鸭，体长 50 cm。嘴黑色。虹膜褐色。雄鸟额基有一小的圆形白斑，头顶暗栗色，头侧、颈侧和冠羽为闪光的铜绿色，眼先和颊部暗栗色，颏和喉白色并延伸到颈侧，颈基部具一条黑色横带。上背及两翼灰白色，具暗褐色波状细纹。下背和腰暗褐色，黑白两色的三级飞羽甚长且下弯，翼镜墨绿色。下体白色，具暗褐色或黑褐色细密波状纹，尾下覆羽黑色。尾短，灰褐色。脚橄榄灰色。雌鸟头顶和后颈黑褐色，杂细密的浅棕色条纹，上体黑褐色，杂以"V"形棕色斑，下体棕白色，具黑斑。

冬候鸟。10 月至次年 3 月见于岛东南部沼泽地和水库以及环岛河流的河滩和养殖池塘，迁徙季可见到几百只的大群。

罗纹鸭 / 雌鸟 / 孙虎山

罗纹鸭 / 雄鸟 / 孙虎山

| 赤颈鸭 | *Mareca penelope* | Eurasian Wigeon | 鸭科
Anatidae |

赤颈鸭，体长 47 cm。嘴铅灰色，先端黑色。虹膜黑褐色。雄鸟头和颈部栗红色，额至头顶有乳黄色纵带。背和两翼灰白色，杂以暗褐色细密的波状纹。翼上覆羽白色，三级飞羽甚长，具白色羽缘，翼镜翠绿色。胸部棕灰色，缀有褐色斑点，腹部白色，尾下覆羽黑色。尾黑褐色。脚铅蓝色。雌鸟头顶和后颈黑褐色，杂以浅棕色细纹，上体暗褐色，具淡褐色羽缘，胸及两胁棕色，具不明显暗色斑。

旅鸟。10~12 月常见于岛上的养殖池塘、沼泽地和水库，多是几十只的小群。

赤颈鸭 / 雄鸟 / 孙虎山

赤颈鸭 / 雌鸟 / 孙虎山

| 绿头鸭 | *Anas platyrhynchos* | Mallard | 鸭科 Anatidae |

　　绿头鸭，体长 58 cm，大型鸭。雄鸟嘴黄绿色而嘴甲黑色，雌鸟嘴黑褐色而端部棕黄色。虹膜黑褐色。雄鸟头及颈部深绿色，具金属光泽，颈部有一明显的白色颈环。上背和肩褐色，密布灰白色波状细纹，羽缘棕黄色，腰绒黑色。两翼灰褐色，翼镜紫蓝色且上下具较宽白色带。上胸栗色，其余下体灰白色，杂暗褐色细密波纹，尾下覆羽黑色。尾羽白色，两对中央尾羽黑色且向上卷曲成钩状。脚红色。雌鸟贯眼纹黑褐色，上体黑褐色，具棕黄色羽缘，形成"V"形斑，腹部浅棕色。脚橙黄色。

　　留鸟。常年可见于岛上各处水域和沼泽地。3~7 月有少量繁殖个体。8 月至次年 2 月在岛上停歇和越冬的数量比较多。

绿头鸭 / 孙虎山

绿头鸭 / 孙虎山

斑嘴鸭 | *Anas zonorhyncha* | Eastern Spot-billed Duck | 鸭科 Anatidae

斑嘴鸭，体长 60 cm，大型鸭。雌雄相似，体羽大部分为棕褐色。嘴蓝黑色，先端黄色。虹膜褐色。头顶、额和枕部暗棕褐色，眉纹黄白色，自嘴基至耳区的贯眼纹黑褐色。上背灰褐色，下背褐色，腰、尾上覆羽黑褐色。翼镜蓝绿色，带紫色金属光泽。胸部棕白色，杂褐色斑，腹部褐色，尾下覆羽黑色。尾羽黑褐色。脚橙黄色。雌鸟嘴端黄斑不明显，下体自胸以下淡白色，杂暗色斑。

留鸟。常年可见于岛上各处水域和沼泽地。4~7 月有少量繁殖个体。8 月至次年 3 月来岛上越冬的数量比较多。

斑嘴鸭 / 孙虎山

斑嘴鸭 / 孙虎山

28

针尾鸭 | *Anas acuta* | Northern Pintail | 鸭科 Anatidae

针尾鸭，体长 55 cm，大型鸭。嘴黑色。虹膜褐色。雄鸟头部棕褐色，颈侧白色带向上延伸至后头，与白色前颈和下体相连。上体淡褐色，翼镜铜绿色。下体白色，腹部有少量淡褐色波状细纹，两胁具灰色与褐色相间的细纹，尾下覆羽黑色。外侧尾羽灰褐色，2 枚中央尾羽黑色且细长。脚灰黑色。雌鸟头棕色，密杂黑色细纹，上体暗褐色，上背和肩具棕白色"V"形斑，无翼镜，下体白色，中央尾羽不特别延长。

冬候鸟。10 月至次年 3 月常见于岛上养殖池塘和沼泽地，多为几十只的小群。

针尾鸭 / 雄鸟 / 孙虎山

针尾鸭 / 雌鸟 / 孙虎山

| 绿翅鸭 | *Anas crecca* | Green-winged Teal | 鸭科
Anatidae |

绿翅鸭，体长 37 cm，小型鸭。嘴灰黑色。虹膜褐色。雄鸟头至颈深栗色，眼周往后有一"逗号"状绿色带斑延至后颈基部，边缘有浅白细纹，自嘴角至眼有一浅棕白色细纹在绿色带斑上下。背灰色，有暗色细纹。翼镜翠绿色。下体棕白色，胸部杂以黑色圆点，两胁灰色，具黑白相间的细密波状纹。尾下覆羽黑色，两侧各有一黄白色三角形斑。尾羽黑褐色。脚黑色。雌鸟上体暗褐色，下体白色或棕白色，下腹和两胁杂以暗褐色斑点。

冬候鸟。9月至次年4月常见于岛上各种水域和沼泽地，数量多，常见百只以上的大群。

绿翅鸭 / 雄鸟 / 孙虎山

绿翅鸭 / 雌鸟 / 孙虎山

琵嘴鸭	*Spatula clypeata*	Northern Shoveler	鸭科 Anatidae

琵嘴鸭，体长 50 cm。嘴特长，末端扩大呈铲状，雄鸟黑色，雌鸟黄褐色。雄鸟虹膜黄色，雌鸟虹膜褐色。雄鸟头至上颈暗绿色，具金属光泽。上体背和腰暗褐色且多具绿色光泽，背两侧、肩部外侧白色，与白色的下颈、胸部连成一体，尾上覆羽绿色。翼上覆羽和飞羽灰蓝色或暗褐色，翼镜金属绿色，前后具白边。下体胸部白色，腹和两胁栗色，尾下覆羽基部白色，端部黑色。脚橙红色。雌鸟上体暗褐色，下体淡棕色，胸部斑纹粗而多，两胁具棕色和褐色"V"形斑。

旅鸟。3~5 月和 10~12 月常见于岛上水库和沼泽地，多为几十只的小群。

琵嘴鸭 / 雌鸟 / 孙虎山

琵嘴鸭 / 雄鸟 / 孙虎山

白眉鸭   *Spatula querquedula*   Garganey   鸭科 Anatidae

白眉鸭，体长 40 cm。嘴黑褐色，嘴甲黑色。虹膜栗褐色。雄鸟头颈部深褐色，具白色细纹。眉纹白色，宽而长，延伸至后颈，与深褐色的头部对比明显。上体暗褐色，具淡棕色羽缘。翼上覆羽蓝灰色，三级飞羽稍延长，具白色羽缘，翼镜闪亮绿色且带白色边缘。下体胸部棕黄色，密杂暗褐色波状斑纹。腹部白色，下腹和两胁具暗褐色波状斑纹。尾下覆羽棕白色，杂以棕色斑点。脚灰黑色。雌鸟眉纹棕白色、贯眼纹黑色，头至后颈黑褐色，杂棕色细纹，翅黑褐色，翼上覆羽灰色，腹和尾下覆羽灰白色。

旅鸟。3、4 月和 10、11 月的迁徙季节偶见于岛上水库和养殖池塘，多为两只或几只的小群。

白眉鸭 / 雌鸟 / 孙虎山

白眉鸭 / 雄鸟 / 孙虎山

| 花脸鸭 | *Sibirionetta formosa* | Baikal Teal | 鸭科
Anatidae |

花脸鸭，体长42 cm，小型鸭。嘴黑色。虹膜棕色。雄鸟脸部自眼后有一宽阔的翠绿色金属带斑延伸至后颈下部，绿带与头顶间有一条白色线，脸部其余地方黄色。上背蓝灰色，具黑色波状细纹，下背褐色。下体胸部红棕色，具暗褐色圆斑，腹部白色，两胁灰色，具黑褐色波状纹，尾下覆羽黑色。翼上覆羽和飞羽暗褐色，翼镜铜绿色。脚灰蓝色。雌鸟头侧和颈侧白色，杂以暗褐色条纹、眼先、嘴基有棕白色圆斑，眼后上方有棕白色眉纹，上体羽暗褐色，尾下覆羽白色。

旅鸟。3、4月和10、11月的迁徙季节见于岛上养殖池塘和沼泽地，常见百只以上的大群。为国家二级保护动物。

花脸鸭 / 孙虎山

花脸鸭 / 王宜艳

红头潜鸭	*Aythya ferina*	Common Pochard	鸭科 Anatidae

红头潜鸭，体长 46 cm。嘴亮灰黑色，先端和基部黑色。雄鸟虹膜红色，雌鸟虹膜褐色。雄鸟头和颈栗红色。上体和两翼淡灰色，具黑色波状细纹，翼镜灰白色，尾上覆羽黑色。下体、下颈和胸黑色，腹与两胁灰白色，尾下覆羽黑色。尾羽灰褐色。脚铅灰色。雌鸟头颈部棕褐色，脸部有一浅色的弧线，上背暗褐色，胸暗黄褐色，腹灰白色。

冬候鸟。10 月至次年 3 月常见于岛上水库和养殖池塘，形成几十到几百只不同大小的群。

红头潜鸭 / 雌鸟 / 孙虎山

红头潜鸭 / 雄鸟 / 孙虎山

白眼潜鸭　　*Aythya nyroca*　　Ferruginous Duck　　鸭科 Anatidae

　　白眼潜鸭，体长 41 cm。嘴灰黑色。雄鸟虹膜白色，雌鸟虹膜褐色。雄鸟头、颈、胸、两胁深棕红色，具金属光泽，颏部有白色斑块。上体背至尾上覆羽均为黑褐色。翼上覆羽黑褐色，飞羽多为白色而羽端黑褐色，翼镜、翼下、腹、尾下覆羽白色，肛周黑色。脚灰色。雌鸟头部棕色无光泽，下体棕色较浅。

　　旅鸟。春秋迁徙季节偶见于岛南部水库等水域，多为单只或十只以下的小群。

白眼潜鸭 / 孙虎山

白眼潜鸭 / 孟向东

| 凤头潜鸭 | *Aythya fuligula* | Tufted Duck | 鸭科
Anatidae |

凤头潜鸭，体长 42 cm。嘴蓝灰色，嘴甲黑色。虹膜金黄色。雄鸟头颈黑色且具紫色光泽，头顶具长形羽冠，额有白色不规则斑块。翼镜、腹、两胁为白色，其他地方为黑色。脚铅灰色。雌鸟色淡，有浅色脸颊斑，头顶、胸、上体黑褐色，羽冠黑褐色且较短，额基白斑较大，两胁灰白色，尾下覆羽黑褐色。

冬候鸟。10 月至次年 3 月见于岛上水库和大型养殖池塘，多为十只以下的小群，可与红头潜鸭混群。

凤头潜鸭 / 左雌右雄 / 孙虎山

凤头潜鸭 / 王宜艳

鹊鸭	*Bucephala clangula*	Common Goldeneye	鸭科 Anatidae

鹊鸭，体长 48 cm。嘴短粗，雄鸟黑色，雌鸟黑褐色而嘴甲橙色。虹膜金黄色。雄鸟头、上颈黑色并具绿色光泽，两颊有大型白色圆斑，下颈白色。上体背、肩羽、腰黑色。两翼黑白两色，大覆羽白色，具黑色端斑。中覆羽和次级飞羽白色，形成大块白色翼斑，其他覆羽和飞羽黑褐色。下体胸、腹、两胁白色，尾下覆羽灰色。尾黑色。脚黄色。雌鸟较

鹊鸭 / 孙虎山

雄鸟小，头和上颈褐色，颈基具白色颈环，上体淡褐色，两胁灰色，尾灰褐色。脚黄褐色。

旅鸟。3、4 月和 10、11 月的迁徙季节偶见于岛南部水库和大型养殖池塘，数量多是十只以下。

鹊鸭 / 王宜艳

| 斑头秋沙鸭 | *Mergellus albellus* | Smew | 鸭科 Anatidae |

斑头秋沙鸭，体长 40 cm，小型秋沙鸭。雄鸟嘴铅灰色，雌鸟嘴灰绿色。虹膜褐色。雄鸟头颈白色，眼周和眼先黑色，似大熊猫的"黑眼圈"，枕部两侧黑色，头顶中央白色且延长形成羽冠。肩部白色，背中央黑色而两侧白色，腰和尾上覆羽灰褐色。两翼灰黑色，翼镜白色。下体白色，胸部两侧有黑色斜线，两胁具灰褐色波浪状细纹。尾羽银灰色。脚铅灰色。雌鸟额、头顶、后颈栗色，眼先和脸黑色，颊、颔、喉白色，肩灰褐色，其余上体背至尾上覆羽黑褐色，两胁灰褐色。脚灰绿色。

斑头秋沙鸭 / 左雄右雌 / 孙虎山

冬候鸟。10月至次年3月常见于岛南部水库和养殖池塘。为国家二级保护动物。

斑头秋沙鸭 / 李福友

普通秋沙鸭 *Mergus merganser* Common Merganser 鸭科 Anatidae

普通秋沙鸭，体长 68 cm，大型秋沙鸭。嘴细长具钩，暗红色。虹膜深褐色。雄鸟头部和上颈部黑褐色且具绿色金属光泽，枕部具短而厚的黑褐色羽冠，下颈部白色。上体黑色，腰和尾上覆羽灰色。翼镜大，白色。下体从下颈至尾下覆羽白色。尾羽灰褐色。脚红色。雌鸟头顶、枕和后颈棕褐色，颏和喉白色，上体灰色，下体白色，两胁具密集的灰色斑纹。

冬候鸟。10 月至次年 3 月常见于岛东南部养殖池塘，多为十几只的小群。

普通秋沙鸭 / 雌鸟 / 孙虎山

普通秋沙鸭 / 雄鸟 / 孙虎山

普通秋沙鸭 / 孙虎山

| 红胸秋沙鸭 | *Mergus serrator* | Red-breasted Merganser | 鸭科 Anatidae |

　　红胸秋沙鸭，体长 53 cm，中型秋沙鸭。嘴深红色，嘴峰、嘴甲黑色。虹膜红色。雄鸟头部黑色且具绿色金属光泽，羽冠黑色，长而显著。上颈具较宽的白色颈环，下颈和胸锈红色杂黑褐色斑纹。背黑色，腰和尾上覆羽灰褐色。翼上覆羽和三级飞羽多为白色，其他飞羽为褐色或暗褐色，翼镜白色。下胸至尾下覆羽白色，两胁具黑白相间波状细纹。尾羽黑褐色。脚红色。雌鸟体色暗褐色，头顶、额、后颈、枕部和羽冠棕褐色，喉、前颈棕白色，前胸污白色，两胁灰褐色，其余下体白色。

　　旅鸟。3、4 月和 10、11 月的迁徙季节偶见于岛外围大型养殖池塘和河滩，多是几只或十几只的小群。

红胸秋沙鸭 / 孙虎山

红胸秋沙鸭 / 雄鸟 / 孙虎山

红胸秋沙鸭 / 孙虎山

鸊鷉目 PODICIPEDIFORMES
鸊鷉科 Podicipedidae

| 小鸊鷉 | *Tachybaptus ruficollis* | Little Grebe | 鸊鷉科 Podicipedidae |

小鸊鷉，体长 27 cm。雌雄相似，形似幼鸭。嘴直而尖，黑色，基部和尖端黄白色。虹膜黄色。夏羽头顶及颈背黑褐色，眼先、颏、上喉暗褐色，耳羽、下喉、颈侧红栗色。上体暗褐色。翼短圆。下体白色。尾羽短且不上翘。脚石板灰色，位于身体后部。脚具分离的瓣状蹼。冬羽色淡，褪去栗色和黑褐色，喉白色，颊、颈侧淡黄褐色。

留鸟。常年见于岛上水库等较大型的水域，多为单只或几只，春秋迁徙季节可见小群。

小鸊鷉 / 夏羽 / 孙虎山

小鸊鷉 / 冬羽 / 孙虎山

| 凤头䴙䴘 | *Podiceps cristatus* | Great Crested Grebe | 䴙䴘科
Podicipedidae |

凤头䴙䴘，体长 50 cm，大型䴙䴘。雌雄相似。嘴粉红色，繁殖期色深，细直而侧扁。虹膜红色。夏羽头顶黑色，头顶两侧羽毛延长成黑色羽冠。嘴角至眼睛有一条黑线，自耳区到喉部有长形黑色饰羽形成的环形皱领。颈部细长，前颈、胸白色缀有金黄色，后颈、背、腰及内侧肩羽黑褐色，翼短小。脚靠近臀部，瓣状蹼，跗蹠侧扁。冬羽脸颊及前颈白色，仅眼先黑色，羽冠短，皱领消失，颈背及体背淡灰色。

凤头䴙䴘 / 夏羽 / 王宜艳

留鸟。常年见于岛上水库和大型养殖池塘，春秋迁徙季节可见暂时停歇的较大群体，冬季可见越冬的小群。

凤头䴙䴘 / 冬羽 / 孙虎山

| 黑颈䴙䴘 | *Podiceps nigricollis* | Black-necked Grebe | 䴙䴘科
Podicipedidae |

黑颈䴙䴘，体长 30 cm。嘴黑色，尖细微向上翘。虹膜红色。夏羽头顶、颈和背黑色，深色头罩延伸至脸颊，颈部色深，眼后耳区有一簇橙黄色饰羽，两翼覆羽黑褐色，两胁红褐色，胸、腹、翼下覆羽和腋羽白色。脚外侧红黑色，内侧灰绿色。冬羽色浅，无饰羽，头顶和上体黑褐色，颊和喉污白色，前颈至胸污灰色。

旅鸟。迁徙季节偶见于岛外围的河流及入海口。为国家二级保护动物。

黑颈䴙䴘 / 孙虎山

鸽形目 COLUMBIFORMES
鸠鸽科 Columbidae

| 山斑鸠 | *Streptopelia orientalis* | Oriental Turtle Dove | 鸠鸽科
Columbidae |

山斑鸠，体长 32 cm。雌雄相似。嘴蓝灰色。虹膜橙黄色。前额和头顶前部蓝灰色，头顶后部至后颈棕灰色，颏和喉棕白色，后颈两侧具黑白相间的各 5 道横纹。上背褐色，下背和腰蓝灰色。肩部和内侧飞羽黑褐色，具较宽的金色羽缘。翼上覆羽石板灰色，具淡色羽端。胸和腹灰色，两胁及尾下覆羽蓝灰色。尾羽褐黑色，尾梢浅灰白色。脚短、粉红色。

留鸟。四季常见于岛上林地和农田。

山斑鸠 / 孙虎山

火斑鸠 *Streptopelia tranquebarica* Red Turtle Dove 鸠鸽科 Columbidae

　　火斑鸠，体长 23 cm，小型斑鸠。嘴黑色，基部及蜡膜灰色。虹膜褐色。雄鸟前额、头顶、耳羽至颈淡蓝灰色，眼部周围裸露处灰色。额和喉上部白色，后转为淡粉色。后颈有一道黑色领环。背、翼上覆羽、三级飞羽、胸和腹部葡萄红色，其他飞羽黑褐色。两胁、翼下覆羽和中央尾羽蓝灰色，尾下覆羽白色。脚暗褐红色。雌鸟后颈黑色领环细窄，额和头顶淡褐灰色，背土褐色，腰缀有蓝灰色，胸腹部褐灰色略带粉色。

　　夏候鸟。夏季繁殖季节偶见于岛上林地。

火斑鸠 / 孟向东

火斑鸠 / 孙虎山

珠颈斑鸠　　*Streptopelia chinensis*　　Spotted Dove　　鸠鸽科 Columbidae

　　珠颈斑鸠，体长 30 cm。雌雄相似。嘴暗褐色。虹膜红褐色。雄鸟前额淡蓝灰色，头顶淡粉灰色，颏白色。后颈和颈侧具宽阔的黑色半领环，上面杂以珍珠状白色斑点。喉、胸和腹淡褐色，背、腰及翼上覆羽褐色，翼下覆羽、两胁和尾下覆羽灰色。尾长，尾羽褐色，外侧尾羽具宽阔的白色端斑。脚紫红色。雌鸟较雄鸟缺少光泽。

　　留鸟。四季常见于岛上林地和农田。

珠颈斑鸠 / 孙虎山

夜鹰目 CAPRIMULGIFORMES
夜鹰科 Caprimulgidae

| 普通夜鹰 | *Caprimulgus indicus* | Grey Nightjar | 夜鹰科 Caprimulgidae |

普通夜鹰，体长 28 cm。嘴黑色，短而弱，嘴裂宽阔。虹膜深褐色。雄鸟通体枯叶色，头黑褐色，额、头顶和枕具黑色宽阔中央纹，下喉具一大型白斑。上体灰褐色杂以黑褐色和灰白色斑，翼狭长。下体胸部灰白色，满杂黑褐色斑。腹和两胁红棕色，具黑褐色斑。尾下覆羽棕白色，杂黑褐色横斑。尾灰褐色，具灰白色横斑。中央尾羽浅灰色，具黑褐色宽阔横斑。脚短弱，褐色。雌鸟喉部白斑较小，胸灰黑色，尾下覆羽米黄色，尾羽无白色斑块。

旅鸟。4、5 月和 9、10 月的迁徙季节偶见于岛上林缘和稀疏草地。

普通夜鹰 / 周志浩

普通夜鹰 / 周志浩

雨燕科 Apodidae

| 白腰雨燕 | *Apus pacificus* | Fork-tailed Swift | 雨燕科 Apodidae |

白腰雨燕/孙虎山

　　白腰雨燕，体长 18 cm，小型攀禽。雌雄相似。嘴黑色。虹膜深褐色。身体纺锤形，颈短，两翼狭长。通体黑褐色，头顶、背及双翼黑褐色并具浅色羽缘。颏、喉白色，具黑褐色细羽干纹。腰白色斑呈马鞍形。下体胸、腹及尾下覆羽黑褐色，羽缘白色，呈斑驳的鱼鳞状。尾深叉状，黑色。脚短，黑色。

　　旅鸟。4、5 月偶尔可见到自岛上空飞过的个体。

白腰雨燕/孙虎山

鹃形目 CUCULIFORMES
杜鹃科 Cuculidae

小杜鹃	*Cuculus poliocephalus*	Lesser Cuckoo	杜鹃科 Cuculidae

　　小杜鹃，体长 26 cm，小型杜鹃，体型较纤细。嘴黑色，基部黄色。虹膜深褐色，眼圈黄色。雄鸟头部至上体灰色，喉部至上胸浅灰色。下胸、腹部白色并具 7~9 条灰黑色横纹，条纹间的白色区域较宽。尾灰黑色，羽轴缀白斑，具白色端斑。脚黄色。雌鸟灰色型与雄鸟相似，棕色型整个上体棕褐色，除了枕、腰外的上体和两翼具黑色横纹。

　　夏候鸟。5~8 月偶见于岛东南部林地和芦苇地。

小杜鹃 / 孙虎山

四声杜鹃	*Cuculus micropterus*	Indian Cuckoo	杜鹃科 Cuculidae

　　四声杜鹃，体长 30 cm。嘴近黑色，基部黄绿色。虹膜红褐色，眼圈黄色。雄鸟头颈部灰色，头顶和后颈暗灰色，颈侧淡褐色。肩、背和腰深褐色。胸灰色，具不明显半圆形褐色胸环。腹部污白色，具黑色宽横斑。尾灰色，具明显的黑色次端斑，中央尾羽羽干具白斑。脚蜡黄色。雌鸟头颈部略偏褐色，上胸赤褐色。胸腹部白色，具多道黑褐色横带。尾下覆羽白色，杂以黑斑。

　　夏候鸟。5~8 月见于岛东南部林地。

四声杜鹃 / 孙虎山

大杜鹃 · *Cuculus canorus* · Common Cuckoo · 杜鹃科 Cuculidae

大杜鹃，体长 32 cm。嘴黑褐色，下嘴基部黄色。虹膜、眼圈黄色。雄鸟额、头顶、枕至后颈深灰色，颏、喉、头侧、前颈、上胸灰色。背部等上体蓝灰色。翼灰黑色。下体胸以下白色，具黑色细横纹，较指名亚种略粗。尾灰黑色，两侧具对称分布的白色斑点。脚黄色。雌鸟灰色，型似雄鸟，但胸略带褐色。

夏候鸟。5~9月常见于岛上林地和草地。

大杜鹃 / 棕色型 / 孙虎山

大杜鹃 / 孙虎山

鹤形目 GRUIFORMES
秧鸡科 Rallidae

| 普通秧鸡 | *Rallus indicus* | Brown-cheeked Rail | 秧鸡科
Rallidae |

普通秧鸡，体长 29 cm。雌雄相似。嘴长而侧扁，稍下弯，红色，嘴峰繁殖期红色，非繁殖期褐色。虹膜红褐色。额、头顶和枕黑褐色，眉纹浅灰色，贯眼纹暗褐色，脸灰色，颏和喉白色。上体背、肩、腰和尾上覆羽棕色，具黑色粗纵纹。翼短，不超过尾长。下体上部石板灰色，两胁、下腹和尾下覆羽具黑白相间的横斑。尾羽短圆。脚健壮，趾长，肉褐色。雌鸟颜色较暗，头侧和颈侧灰色面积较小。

旅鸟。3~5 月和 9~11 月偶见于岛东南部沼泽地。

普通秧鸡 / 孙虎山

小田鸡　*Zapornia pusilla*　Baillon`s Crake　秧鸡科 Rallidae

　　小田鸡，体长 18 cm，小型秧鸡。雌雄相似。嘴短而钝，黄绿色，尖端和嘴峰黑色。虹膜红褐色。额、头顶棕褐色，具黑色中央纵条纹。眉纹蓝灰色，贯眼纹棕褐色，颏和喉白色。上体橄榄褐或棕褐色，具黑白色纵纹，肩、背和腰部有白色斑点。下体灰色偏白色，两胁和尾下覆羽具黑白相间的横斑。尾羽黑褐色，羽缘棕褐色。脚粗壮，趾长，黄绿色。雌鸟色暗，耳羽褐色，喉白色。

　　旅鸟。春秋迁徙季节偶见于环岛河流河岸滩涂。

小田鸡 / 孙虎山

斑胁田鸡　　*Zapornia paykullii*　　Band-bellied Crake　　秧鸡科
Rallidae

斑胁田鸡，体长 22 cm。雌雄相似。嘴粗短，暗绿色，尖端和嘴峰黑色。虹膜红色。头顶、后颈、背、腰、尾上覆羽为带绿的深褐色，飞羽深褐色，颏、喉乳白色，头侧、前颈、胸栗红色。腹部、两胁和尾下覆羽具黑白相间的横斑。尾羽黑褐色。脚红色。

旅鸟。5、6 月偶见于岛东南部沼泽地。

斑胁田鸡 / 孙虎山

白胸苦恶鸟　*Amaurornis phoenicurus*　White-breasted Waterhen　秧鸡科 Rallidae

白胸苦恶鸟，体长 33 cm。雌雄相似，雌鸟稍小。嘴黄绿色，上嘴基稍隆起并有红斑。虹膜红色。头顶、枕、后颈、背、肩呈暗石板灰色。腰、两翼和尾羽橄榄褐色。前额、两颊、颏、喉、胸、上腹白色。下腹两侧、尾下覆羽红棕色。脚黄绿色。

夏候鸟。5~8 月偶见于环岛河流芦苇荡边缘。

白胸苦恶鸟 / 王宜艳

白胸苦恶鸟 / 孙虎山

董鸡	*Gallicrex cinerea*	Watercock	秧鸡科 Rallidae

董鸡，体长 40 cm，大型秧鸡，体型修长。嘴短，黄绿色。虹膜褐色。雄鸟额部红色甲板上突显著，长而尖。通体黑色，飞羽和覆羽羽缘带锈色。脚黄绿色。雌鸟通体黄褐色，翼羽黑褐色并具棕黄色羽缘。

旅鸟。春秋迁徙季节偶见于岛东南部林地和沼泽地。

董鸡 / 雌鸟 / 孙虎山

黑水鸡	*Gallinula chloropus*	Common Moorhen	秧鸡科 Rallidae

黑水鸡，体长 31 cm。雌雄相似。嘴黄色，嘴基和额部甲板红色，很醒目。虹膜红色。通体黑色，头、颈、上背灰黑色，下背、腰、翼覆羽、尾上覆羽暗橄榄褐色。两翼短圆，飞羽黑褐色。下体灰黑色，两胁具宽阔白色纵纹。下腹羽端白色，具黑白相间斑块。尾下覆羽两侧白色，中间黑色。脚黄绿色，胫上具一鲜红色环带，趾长。

留鸟。常年可见于岛上沼泽地、养殖池塘和水库，多为单只或几只，秋季略常见一些。

黑水鸡 / 成鸟 / 孙虎山

黑水鸡 / 幼鸟 / 王宜艳

57

白骨顶 | *Fulica atra* | Common Coot | 秧鸡科 Rallidae

白骨顶，体长40 cm。雌雄相似。嘴白色，高而侧扁，具醒目高耸的白色额甲，端部钝圆。虹膜红褐色。通体深黑色或灰黑色，上体有条纹。翅短圆而宽，次级飞羽羽端白色，黑色的两翼形成显著翼斑，飞行时明显可见。下体浅石板灰色，尾下覆羽黑色。尾短而圆。脚绿色，跗蹠短，趾长，趾间具暗绿色波形瓣状膜。雌鸟额甲较雄鸟小。

留鸟。常年可见于岛上沼泽地、养殖池塘和水库，5~8月可见到少量在岛上繁殖的个体，9月至次年4月可见迁徙停歇或越冬的大群。

白骨顶 / 幼鸟 / 孙虎山

白骨顶 / 成鸟 / 孙虎山

鹤科 Cruidae

| 白鹤 | *Grus leucogeranus* | Siberian Crane | 鹤科
Cruidae |

白鹤，体长 135 cm。雌雄相似。嘴红褐色。虹膜黄色。前额、头顶前部、眼先和颊具红色裸皮，全身羽毛绝大部分为白色，仅初级飞羽为黑色，在地面行走时黑色飞羽被遮盖，看到的全是白色，飞行时黑色的初级飞羽明显，与其余白色羽对比强烈。脚红褐色。

旅鸟。4、5 月和 10、11 月见于岛中部比较开阔的农田和沼泽地。为国家一级保护动物。

白鹤 / 董文豪

白鹤 / 孙虎山

白枕鹤 | *Grus vipio* | White-naped Crane | 鹤科 Cruidae

白枕鹤，体长 150 cm，高大鹤类。雌雄相似。嘴淡黄绿色。虹膜橙黄色。前额及眼周具红色裸皮，耳羽灰黑色，喉和头顶至后颈为鲜亮的白色，颈侧及前颈下部灰黑色。其余上体和下体均为石板灰色。脚暗红色。

旅鸟。10~12 月见于岛上闲置农田和沼泽地，多为几只或十几只的小群。为国家一级保护动物。

白枕鹤／孙虎山

白枕鹤／孙虎山

| 丹顶鹤 | *Grus japonensis* | Red-crowned Crane | 鹤科
Cruidae |

　　丹顶鹤，体长 150 cm，高大鹤类。雌雄相似。嘴长直，绿灰色。虹膜褐色。成鸟裸露的头顶朱红色，眼后、耳羽、枕部、后颈白色，眼先、脸颊、颏、喉、前颈、颈侧黑色，头颈部的红、白、黑三种颜色对比明显。体羽几乎全为白色，仅次级飞羽和三级飞羽黑色，停歇时长而下垂的三级飞羽覆盖白色的尾部。脚细长，灰黑色。幼鸟头顶无红色区域。

　　冬候鸟。冬季偶见于岛上农田和低矮草地。为国家一级保护动物。

丹顶鹤 / 周志浩

丹顶鹤 / 周志浩

丹顶鹤 / 李福友

61

| 灰鹤 | *Grus grus* | Common Crane | 鹤科 Cruidae |

灰鹤，体长 125 cm，大型鹤类。雌雄相似。嘴绿灰色。虹膜橙红色。全身大部分为灰色。头顶、枕部以黑色为主，头顶具一小块鲜红色裸皮，眼后、耳羽、颈侧、后颈灰白色，眼先、颏、喉、前颈灰黑色。上体、翼覆羽、下体均为灰色。初级飞羽、次级飞羽黑褐色，三级飞羽基部灰色并具黑褐色端斑，数枚次级飞羽和三级飞羽延长弯曲呈弓形，停歇时下垂于身体后端。脚灰黑色。

灰鹤 / 周志浩

冬候鸟。11 月至次年 3 月见于岛上农田、低矮草地和沼泽地，多为十几只的小群。为国家二级保护动物。

灰鹤 / 周志浩

白头鹤	*Grus monacha*	Hooded Crane	鹤科 Cruidae

白头鹤，体长 97 cm，小型鹤类。雌雄相似。嘴浅黄绿色。虹膜深红色。头颈白色，前额黑色，头顶具红色裸皮。上体、下体及两翼皆为石板灰色，飞羽颜色较深，内侧次级飞羽和三级飞羽延长并蓬松下垂于身体后方。脚灰褐色，飞行时伸出尾羽部分较短。

旅鸟。10~12 月秋季迁徙季节见于岛上农田和低矮草地。为国家一级保护动物。

白头鹤／周志浩

白头鹤（左三，与灰鹤混群）／周志浩

63

鸻形目 CHARADRIIFORMES
蛎鹬科 Haematopodidae

| 蛎鹬 | *Haematopus ostralegus* | Eurasian Oystercatcher | 蛎鹬科 Haematopodidae |

蛎鹬，体长 44 cm。雌雄相似。嘴长而粗直，橙红色，鼻骨为裂鼻型，鼻孔线状，鼻沟长度达上嘴一半。虹膜、眼圈红色。体型粗胖，羽色为黑白二色。头、颈、胸及上背黑色，下背、腰、腹部白色。翼长而尖，飞羽黑色，内侧初级飞羽中间及次级飞羽先端白色，与白色的大覆羽形成明显的白色翅斑，翼下覆羽白色并具狭窄的黑色后缘。尾羽短，尾上覆羽和尾羽基部白色，末端部分黑色。脚短粗，粉红色，仅具前 3 趾，后趾退化。冬羽喉颈部具白色横带。

夏候鸟。4~9 月常见于环岛河流的河滩和大型养殖池塘。

蛎鹬 / 孙虎山

蛎鹬 / 孙虎山

反嘴鹬科 Recurvirostridae

| 黑翅长脚鹬 | *Himantopus himantopus* | Black-winged Stilt | 反嘴鹬科 Recurvirostridae |

黑翅长脚鹬，体长 37 cm。雌雄相似，体形纤细，有长嘴、长颈和更长的脚，羽色以黑白色为主。嘴细长，黑色。虹膜红色，眼周黑色。夏羽头顶至后颈黑色或白色杂以黑色，额及两颊自眼下缘、前颈、颈部、胸及下体均为白色，上背、两翼黑色并具绿色金属光泽。尾羽灰白色。脚细长，血红色。冬羽头颈均白色，头顶至后颈有时缀有灰色。雌鸟背部和两翼黑褐色。幼鸟背部多棕褐色。

夏候鸟。4~10 月常见于岛上各处沼泽地、水库和河滩。

黑翅长脚鹬 / 王宜艳

黑翅长脚鹬 / 孙虎山

| 反嘴鹬 | *Recurvirostra avosetta* | Pied Avocet | 反嘴鹬科
Recurvirostridae |

　　反嘴鹬，体长 43 cm。雌雄相似，整体黑白两色。嘴黑色，细长，上翘，似镰刀状。虹膜褐色。眼先、前额、头顶、枕和颈的上部黑褐色，其余颈部、背、腰、尾上覆羽、尾羽和整个下体白色。肩部、翼外侧中覆羽、小覆羽和初级飞羽黑色，其余翼羽白色。脚长，青灰色，少数呈粉红色。飞翔时从下面看体羽几乎全白，仅背部斑纹、翼尖黑色。

　　夏候鸟。4~11 月常见于岛上各处沼泽地、养殖池塘、水库和河滩，繁殖季节的数量略少一些，春秋迁徙停歇个体的数量比较多。

反嘴鹬 / 成鸟 / 孙虎山

反嘴鹬 / 幼鸟 / 王宜艳

反嘴鹬 / 王宜艳

鸻科 Charadriidae

| 凤头麦鸡 | *Vanellus vanellus* | Northern Lapwing | 鸻科 Charadriidae |

凤头麦鸡/周志浩

　　凤头麦鸡，体长30 cm。雌雄相似。嘴黑色，短而直，尖端坚硬，鼻孔直裂。头圆，眼大，虹膜暗褐色。夏羽额、头顶和枕黑褐色，头顶具黑色反曲的长形羽冠，像突出于头顶的角。眼下、颏、喉黑色，眼先、眼后、耳区、颈侧白色或略带棕色。上体绿黑色，阳光下泛金属光泽，具棕色羽缘。下体白色，胸部具宽阔的黑色横带，尾下覆羽淡棕色。尾短圆，基部白色，端部黑色。脚强壮，橙褐色。冬羽头部淡灰色或皮黄色，羽冠黑色，颏喉白色，肩和翼具皮黄色宽羽缘。雌鸟和幼鸟羽冠稍短。

　　旅鸟。4、5月和9、10月偶见于岛外围河滩。

凤头麦鸡/周志浩

| 灰头麦鸡 | *Vanellus cinereus* | Grey-headed Lapwing | 鸻科 Charadriidae |

灰头麦鸡，体长 35 cm。雌雄相似。嘴黄色，尖端黑色。虹膜红色，眼圈黄色。夏羽头颈部灰色。上体肩、背及翼上覆羽棕褐色，初级飞羽黑色，内侧次级飞羽白色，小覆羽色淡，大覆羽端部白色。喉及上胸部灰色，胸部具黑色宽带，其余下体白色。尾白色，具一宽阔的黑色次端斑。脚黄色。冬羽头颈偏褐色。

旅鸟。4、5 月和 9、10 月偶见于岛南部水库和沼泽地，以及岛外围的河滩。

灰头麦鸡 / 孙虎山

灰头麦鸡 / 孙虎山

| 金鸻 | *Pluvialis fulva* | Pacific Golden Plover | 鸻科
Charadriidae |

金鸻，体长 25 cm。雌雄相似。嘴形直，黑色。虹膜暗褐色。夏羽额基棕白色，向两侧与白色眉纹及白色颈胸两侧相连，形成"Z"形白带。头顶、后颈、背至尾上覆羽黑褐色，满布金黄和浅棕白色点斑，背部金黄色点斑更明显。颊、喉、胸、腹和尾下覆羽深黑色，胸侧、两胁污白色。翅尖长，黑褐色缀白色斑点。尾羽具黑褐色与淡棕白色相间的横斑。脚黑色，无后趾。冬羽上体遍布金色、褐色和白色斑块。颊、喉、胸和两胁黄白色，杂有灰褐色斑纹。下胸、腹部中央灰黄色。

旅鸟。4、5月和9、10月见于环岛河流的河滩。

金鸻／繁殖羽／孙虎山

金鸻／非繁殖羽／孙虎山

| 灰鸻 | *Pluvialis squatarola* | Grey Plover | 鸻科
Charadriidae |

灰鸻，体长 28 cm。雌雄相似。嘴黑色，嘴峰长度与头等长，鼻孔线形，鼻沟约为嘴长的 2/3。虹膜褐色。夏羽额、眉纹灰白色，与灰白色的颈侧、胸侧、两胁相连，形成"Z"形白带。头顶、后颈、背、翼覆羽银灰色，缀大量黑色杂斑。颊、颏、喉、胸和腹部黑色。翅尖形，飞羽多黑色。尾短圆，白色并具黑色斑块，尾下覆羽白色。脚修长，黑色。冬羽和幼体上体褐灰色，下体近白色，下喉和胸部密布浅褐色斑点和纵纹。

旅鸟。4、5 月和 9、10 月常见于环岛河流的河滩。

灰鸻 / 繁殖羽 / 孙虎山

灰鸻 / 非繁殖羽 / 孙虎山

灰鸻 / 孙虎山

长嘴剑鸻 | *Charadrius placidus* | Long-billed Plover | 鸻科 Charadriidae

　　长嘴剑鸻，体长 22 cm。雌雄相似。嘴黑色，较金眶鸻的略长。虹膜黑褐色，眼睑黄色，形成细的黄眼圈。夏羽额、眉纹、颏、喉白色，额后具黑色宽带斑，头顶后部灰褐色，眼先、眼周、耳羽黑褐色。颈部一前一后有白色和黑色颈环。背、肩、翼覆羽及腰灰褐色。下体白色。尾短圆，尾羽近端黑褐色，外侧尾羽羽端白色。脚黄色。冬羽胸带和其他黑色部分灰褐色，额顶淡黑色。幼鸟头顶和背部多杂斑。

　　旅鸟。4、5 月和 8、9 月偶见于环岛河流的河滩。

长嘴剑鸻 / 繁殖羽 / 孙虎山

长嘴剑鸻 / 非繁殖羽 / 孙虎山

| 金眶鸻 | *Charadrius dubius* | Little Ringed Plover | 鸻科
Charadriidae |

金眶鸻，体长 16 cm。雌雄相似。嘴短，黑色。虹膜暗褐色，眼圈金黄色。夏羽眼先至耳羽有一宽的黑色贯眼纹，眉纹和前额白色。额后具宽阔的黑色横带，横带后有一细窄的白色横带将黑色额带和沙褐色头顶分离开。后颈具白色领环，往前与白色额、喉相连，白领环之后有黑领环围绕上背和上胸，到前胸黑领环变宽。上体沙褐色，下体白色。灰褐色的中央尾羽末端黑褐色，外侧一对尾羽白色。脚橙黄色。冬羽眼先、眼后至耳羽及胸带暗褐色，额淡棕色或黄白色。幼鸟头顶和背部多杂斑。

夏候鸟。4~9 月常见于岛上各处沼泽地和养殖池塘。

金眶鸻 / 幼鸟 / 王宜艳

金眶鸻 / 成鸟 / 孙虎山

环颈鸻   *Charadrius alexandrinus*   Kentish Plover   鸻科 Charadriidae

环颈鸻，体长 15 cm。嘴黑色，细短。虹膜暗褐色。雄鸟夏羽头顶和后枕红棕色，前部具不到眼的黑色横带，额白色与白色眉线相连，贯眼纹黑色，额、喉及颈后白色连成颈环。下颈侧具褐色横带，横带在中央处不闭合，形成半颈环。上体灰褐色，部分飞羽白色形成翼斑，下体白色。尾短圆，中央尾羽黑褐色，两侧尾羽白色。飞行时白色翼斑和白色外侧尾羽明显。脚黑色。雄鸟冬羽、雌鸟头顶、贯眼纹、半颈环褐色而缺少黑色。幼鸟上体布满黄褐色鳞片状斑纹。

夏候鸟。4~11 月常见于环岛河流的河滩及岛上各处沼泽地和养殖池塘。

环颈鸻 / 雌鸟 / 孙虎山

环颈鸻 / 雄鸟 / 孙虎山

环颈鸻 / 孙虎山

蒙古沙鸻 | *Charadrius mongolus* | Lesser Sand Plover | 鸻科 Charadriidae

蒙古沙鸻,体长 20 cm。嘴细短,黑色。虹膜黑褐色。雄鸟夏羽额白色而其中央和额基具黑带,头顶部灰褐沾棕色。头顶前部黑色横带连于两眼之间,将白色额和头顶分开,眉纹白色,贯眼纹黑色。后颈棕红色延伸至上胸两侧与棕红色胸带相连,形成完整棕红色颈环。上体灰褐色,腰两侧白色。胸以外的其余下体包括颏、喉、前颈、腹部和尾下覆羽白色。尾灰褐色。脚修长,深灰色。雌鸟夏羽贯眼纹近灰色。冬羽原体羽黑色和棕红色的部位转为褐色。

旅鸟。4、5 月和 9、10 月偶见于环岛河流的河滩和养殖池塘。

蒙古沙鸻 / 繁殖羽 / 孙虎山

蒙古沙鸻 / 非繁殖羽 / 孙虎山

铁嘴沙鸻　*Charadrius leschenaultia*　Greater Sand Plover　鸻科 Charadriidae

　　铁嘴沙鸻，体长 23 cm。嘴黑色，长而粗壮。虹膜黑褐色。雄鸟夏羽额、眉纹白色，额上部、两眼间黑色横带与眼先经眼至耳羽的黑色贯眼纹连为一体。头顶、枕部灰褐色，具淡栗色羽缘，后颈栗棕色。上体灰褐色，上背和肩羽缘带棕色。翼形尖，白色翼斑短而窄，翼下覆羽黑褐色。额、喉、前颈白色，上胸具棕红色胸带，其余下体白色。脚修长，黄绿色。雄鸟冬羽原黑色和棕红色部位转为灰褐色，额和眉纹白色，上胸两侧灰褐色。雌鸟头部缺少黑色，胸栗色淡，胸带有时中部断开而不完整。

　　旅鸟。4、5 月和 8、9 月偶见于环岛河流的河滩。

铁嘴沙鸻 / 幼鸟 / 孙虎山

铁嘴沙鸻 / 成鸟 / 孙虎山

鹬科 Scolopacidae

| 针尾沙锥 | *Gallinago stenura* | Pintail Snipe | 鹬科
Scolopacidae |

　　针尾沙锥，体长 24 cm，小型沙锥。雌雄相似。嘴黄褐色，长而直，约为头长的1.5 倍。虹膜深褐色。头顶黑褐色，额基到枕部的中央冠纹和眉纹白色，从嘴基经眼先具黑色宽贯眼纹。上体淡褐色，具白、黄及黑色的纵纹及蠕虫状斑纹。下体白色，胸沾赤褐且多具黑色细斑，两胁有暗褐色横纹。尾较短，飞行时脚趾伸出尾端较多，停歇时几乎与翼尖等长，最外侧尾羽仅为一羽轴，形如针。脚黄绿色。

　　旅鸟。4、5 月和 9、10 月偶见于岛东南部沼泽地。

针尾沙锥 / 孙虎山

针尾沙锥 / 孙虎山

扇尾沙锥　　*Gallinago gallinago*　　Common Snipe　　鹬科 Scolopacidae

扇尾沙锥,体长26 cm。雌雄相似。嘴长为头长的1.6~2倍,端部黑褐色,基部黄褐色。虹膜黑褐色。中央冠纹棕红色或淡皮黄色,侧冠纹黑褐色,眉纹黄白色,黑褐色贯眼纹从嘴基到眼并延伸至眼后,嘴基处的眼纹较眉纹明显宽,眼下纹白色。颈部红褐色,具黑色羽干纹。上体深褐色,具白色及黑色的细纹及蠹斑,背部具四条宽阔的棕白色纵带,次级飞羽末端白色。下体几乎为白色,在胸部具黑褐色细纵纹,两胁具黑褐色横纹。脚橄榄绿色。

旅鸟。4、5月和8、9月见于岛东南部沼泽地。

扇尾沙锥 / 孙虎山

扇尾沙锥 / 孙虎山

| 半蹼鹬 | *Limnodromus semipalmatus* | Asian Dowitcher | 鹬科
Scolopacidae |

半蹼鹬，体长35 cm。雌雄相似。嘴黑色，长且直，末端略微膨胀。虹膜深褐色。繁殖羽头、颈、胸和腹部棕红色，背和两翼黑色而羽缘红色。脚近黑色。非繁殖羽整体近灰色，胸部具褐色横纹，腰、下背和尾白色具黑色细横纹。

旅鸟。春秋迁徙季节偶见于环岛河流退潮后的河滩。为国家二级保护动物。

半蹼鹬 / 孟向东

半蹼鹬 / 朱星辉

黑尾塍鹬　　*Limosa limosa*　　Black-tailed Godwit　　鹬科 Scolopacidae

黑尾塍鹬，体长 42 cm。雌雄相似。嘴细长、近直形，基部粉红色，尖端黑色。虹膜黑褐色。夏羽头、颈栗红色，头顶和后颈具黑褐色细条纹。眉纹乳白色，眼后变为栗色。贯眼纹黑褐色，细窄而长延伸到眼后。颏白色，喉、前颈和胸栗红色，下颈两侧和胸具黑褐色星月形横斑。上体灰褐色，背具黑、褐和白色斑点，腰白色。两翼灰褐色，具白色宽阔的翅斑，飞羽黑色。下体白色，两胁具褐色斑纹。尾白色，具宽阔的黑色端斑。脚细长，灰黑色。冬羽栗红色部位转为灰色，白色眉纹明显。

旅鸟。4、5 月和 9、10 月常见于环岛河流退潮后的河滩及岛东南部养殖池塘和水库。

黑尾塍鹬 / 孙虎山

黑尾塍鹬 / 孙虎山

| 斑尾塍鹬 | *Limosa lapponica* | Bar-tailed Godwit | 鹬科
Scolopacidae |

斑尾塍鹬，体长 40 cm。雌雄相似。嘴长而微上翘，灰黑色，下嘴基肉色。虹膜深褐色。夏羽头顶皮黄色，具黑色细纹。眉纹、颊、颏、喉、颈棕栗色，具褐色细纹，贯眼纹黑褐色。背黑褐色，具宽阔的棕栗色横斑。下背和腰偏褐色而非白色，翼上覆羽灰褐色，具杂斑。飞羽黑色，有不明显的白色翅斑。胸、腹棕栗色，具灰褐色纵纹。尾具黑白相间横纹。脚灰黑色。冬羽整体几乎为灰白色，眉纹白色，贯眼纹黑褐色且细窄，颈、胸具细的黑褐色纵纹。

旅鸟。春秋迁徙季节偶见于环岛河流退潮后的河滩。

斑尾塍鹬 / 非繁殖羽 / 孙虎山

斑尾塍鹬 / 繁殖羽 / 孙虎山

小杓鹬	*Numenius minutus*	Little Curlew	鹬科 Scolopacidae

　　小杓鹬，体长 30 cm。雌雄相似。嘴中等长度，略下弯，黑褐色，下嘴基部带粉色。虹膜深褐色。头上具有明显的冠纹，中央冠纹皮黄色，两侧的侧冠纹黑褐色，粗眉纹黄白色，贯眼纹黑褐色。颏、喉白色，头侧和颈部密布黑褐色条纹。上体肩、背、腰黑褐色，密布淡黄色羽缘斑。翅上覆羽和飞羽也多为黑褐色，并具淡色的羽缘。下体几乎为灰白色，胸部具黑色纵纹，两胁具黑色横斑。尾灰褐色，具黑褐色横斑，尾下覆羽黄白色。脚蓝灰色。雌鸟体型略大。幼鸟斑纹较少。

　　旅鸟。春秋迁徙季节偶见于岛中东部低矮草地。为国家二级保护动物。

小杓鹬 / 孙虎山

小杓鹬 / 孙虎山

中杓鹬	*Numenius phaeopus*	Whimbrel	鹬科 Scolopacidae

中杓鹬,体长43 cm。雌雄相似。嘴粗壮,长而下弯,约为头长的1.5倍。虹膜黑褐色。头顶黑褐色,中央冠纹白色,侧冠纹黑褐色,眉纹浅白色,贯眼纹黑褐色,颏、喉白色,颈、头余部淡褐色,颈、胸有黑褐色纵斑。上背、肩黑褐色,下背、腰白色。下体白色,两胁具黑褐色横纹,上腹具黑褐色纵纹。尾羽褐色,有黑褐色细密横纹。脚蓝灰色或青灰色。

旅鸟。4、5月和8、9月常见于环岛河流退潮后的河滩。

中杓鹬 / 孙虎山

中杓鹬 / 孙虎山

| 白腰杓鹬 | *Numenius arquata* | Eurasian Curlew | 鹬科 Scolopacidae |

白腰杓鹬，体长 62 cm，大型鹬。雌雄相似。嘴甚长而下弯，嘴长约为头长的 3 倍。虹膜深褐色。头部淡褐色，具褐色细纵纹，颏、喉灰白色。颈部、上背淡褐色，具深褐色纵纹，后颈至上背羽干纹增宽呈块斑状，下背、腰白色。翼羽黑褐色具灰白色横斑。下体和翼下白色，胸、两胁具粗重黑褐色斑点组成的纵向斑纹。尾上、尾下覆羽白色，尾羽白色，具黑褐色细窄横斑纹。脚青灰色。

旅鸟。3~5 月和 8~10 月常见于环岛河流退潮后的河滩。为国家二级保护动物。

白腰杓鹬 / 孙虎山

白腰杓鹬 / 孙虎山

| 大杓鹬 | *Numenius madagascariensis* | Eastern Curlew | 鹬科
Scolopacidae |

大杓鹬，体长 63 cm，大型鹬。雌雄相似。嘴甚长而下弯，黑褐色。虹膜深褐色。眼先蓝灰色，眼周灰白色，颏和喉白色，头顶、颈密布黑褐色细斑纹。上体黑褐色、羽缘深棕白色，带棕色花斑。翼黑色，具灰白色横纹，翼上覆羽具宽的黑褐色斑块。腰、尾上覆羽具有较宽的红褐色羽缘。下体皮黄色，具稀疏灰褐色羽干纹。尾羽浅灰色沾黄色，具棕褐色横斑。脚蓝灰色。

旅鸟。4、5 月和 8~10 月常见于环岛河流退潮后的河滩。为国家二级保护动物。

大杓鹬 / 孙虎山

大杓鹬 / 孙虎山

| 鹤鹬 | *Tringa erythropus* | Spotted Redshank | 鹬科
Scolopacidae |

鹤鹬，体长 30 cm。雌雄相似。嘴长而尖直，黑色，下嘴基部红色。虹膜褐色，眼圈白色而醒目。夏羽通体黑色，具白色点斑。胸侧、两胁和腹具白色短细条纹，下背和上腰白色，下腰、尾上覆羽、尾、尾下覆羽具暗灰色和白色相间横斑。脚长，红色。冬羽白色长眉纹自嘴基到眼后，前颈下部和胸缀灰色斑点，上背灰褐色而羽缘白色，下背、腰和下体白色，尾羽白色覆褐色横斑。脚橙红色。

旅鸟或夏候鸟。3~11 月见于岛上各种浅水环境，9 月数量最多，可见几百只的大群。

鹤鹬 / 非繁殖羽 / 孙虎山

鹤鹬 / 繁殖羽 / 王宜艳

红脚鹬　　*Tringa tetanus*　　Common Redshank　　鹬科 Scolopacidae

红脚鹬，体长 28 cm。雌雄相似。嘴粗而直，尖端黑色，基半部为红色。虹膜深褐色。夏羽眼上前缘有一白斑与嘴基相连，头顶、上体褐灰色，具黑褐色羽干纹，前额、颊、颏、喉、前颈和上胸白色具细密黑褐色纵纹。背及两翼覆羽具黑褐色斑点和横斑，下背白色并密布黑褐色纵纹，腰和尾上覆羽白色。下胸、两胁白色，具褐色纵纹，腹和尾下覆羽白色。尾白色，具黑褐色细的横斑。脚较长，亮橙红色。冬羽颜色较淡，上体灰褐色而具白色斑点。幼鸟羽色似冬羽，上体具皮黄色羽缘，胸部暗色纵纹微细。

旅鸟。4~6 月和 8~10 月常见于环岛河流退潮后的河滩和养殖池塘。

红脚鹬 / 孙虎山

红脚鹬 / 孙虎山

泽鹬	*Tringa stagnatilis*	Marsh Sandpiper	鹬科 Scolopacidae

泽鹬，体长 23 cm。雌雄相似。嘴细长而尖，黑色。虹膜深褐色，眼圈白色。夏羽眼先、颊、眼后和颈侧灰白色，具暗色纵纹或矢状斑。头顶、后颈淡灰白色，具暗色纵纹，颏、喉白色。上体灰褐色，上背沙灰色或沙褐色，密布黑色斑纹，下背及腰纯白色，肩羽和两翼灰褐色，具黑色锚状纹。下体白色，前颈和胸具黑褐色细纵纹，两胁具黑褐色横纹。尾羽白色，具黑色横纹。脚细长，黄绿色。冬羽整体偏白，上体灰色而少灰黑色杂斑，下体多白色而少斑纹。

旅鸟。4、5月和8~10月常见于环岛河流退潮后的河滩及岛上沼泽地、养殖池塘和水库。

泽鹬 / 孙虎山

泽鹬 / 孙虎山

青脚鹬　　*Tringa nebularia*　　Common Greenshank　　鹬科 Scolopacidae

　　青脚鹬，体长 32 cm。雌雄相似。嘴长，基部较粗，逐渐变细，略上翘，青灰色。虹膜深褐色，眼圈白色。夏羽额基白色，头顶及后颈白色，杂黑褐色纵纹，眼先、颊、前颈、胸侧白色，杂黑褐色细纹。肩和上背灰褐色，具黑色羽轴斑而羽缘白色。下背、腰白色，翼上覆羽和飞羽灰褐色或黑褐色，具白色羽缘。颏、喉、胸、腹及尾下覆羽纯白色，翼下覆羽白色，具黑褐色波形横斑。尾羽白色，具暗褐色波形横斑。脚长，青灰色。冬羽整体偏白，上体少黑色杂斑，下体白色而少斑纹。

　　旅鸟。4、5 月和 9~11 月常见于环岛河流退潮后的河滩及岛上沼泽地和水库。

青脚鹬 / 孙虎山

青脚鹬 / 孙虎山

白腰草鹬	*Tringa ochropus*	Green Sandpiper	鹬科 Scolopacidae

　　白腰草鹬，体长 23 cm。雌雄相似。嘴长而尖，基部橄榄绿色，尖端黑褐色。虹膜深褐色。夏羽白色眉纹仅限于眼前部，与白色眼圈相连，在暗色的头上极为醒目。前额、头顶、后颈黑褐色，具白色纵纹，颊部和颈侧白色密被黑褐色细纵纹。上背、肩、翼覆羽黑褐色，羽缘具白色小点斑，下背黑褐色具白羽缘而呈白色。腰白色，飞行时白腰明显。下体白色，上胸密被黑褐色纵纹，胸侧和两胁具黑色斑点。尾羽和尾上覆羽白色，尾具黑色横斑，横斑数目由中间向两侧递减。脚较短，深绿色。冬羽上体褐色而少斑纹。

　　旅鸟。3~5 月和 10~12 月见于岛南部沼泽地和水库。

白腰草鹬 / 孙虎山

| 林鹬 | *Tringa glareola* | Wood Sandpiper | 鹬科
Scolopacidae |

　　林鹬，体长 20 cm。雌雄相似。嘴基部橄榄绿色，尖端黑色。虹膜深褐色。夏羽眉纹白色，长而明显，贯眼纹黑褐色。头和后颈黑褐色，具细的白色纵纹。头侧、颈侧灰白色，具淡褐色纵纹，颏、喉白色。上体灰褐色并具较大的白色斑点，比较醒目。下体白色，前颈、上胸灰白色，具黑褐色纵纹，两胁具黑褐色横斑。尾白而具褐色横斑。脚较长，黄绿色。冬羽胸部偏白色，少斑纹。

　　旅鸟。3~5 月和 9、10 月常见于岛南部沼泽地和水库。

林鹬 / 孙虎山

灰尾漂鹬	*Tringa brevipes*	Grey-tailed Tattler	鹬科 Scolopacidae

灰尾漂鹬，体长 25 cm。雌雄相似。嘴粗而直，黑色，下嘴基黄色。虹膜深褐色。夏羽眉纹白色，眼先和贯眼纹黑色，耳区、颊部、前颈和颈侧白色，具灰色细纵纹。头顶、后颈、背、腰、翼整个上体灰色微带褐色，腰具横斑。下体白色，密布灰黑色横斑，胸和两胁前部的黑色横斑呈波浪形或"V"形，腹、尾下覆羽纯白色，有时尾下覆羽具少许灰色横斑。尾灰色，尾上覆羽灰色，具模糊的白色横斑。脚短粗，黄色。冬羽下体几为白色无横斑，颈侧和胸白色，缀灰色斑块。

旅鸟。4、5 月和 8、9 月偶见于环岛河流退潮后的河滩。

灰尾漂鹬 / 非繁殖羽 / 孙虎山

灰尾漂鹬 / 繁殖羽 / 孙虎山

| 翘嘴鹬 | *Xenus cinereus* | Terek Sandpiper | 鹬科
Scolopacidae |

翘嘴鹬,体长 23 cm。雌雄相似。嘴长而上翘,黑色,基部橙黄色。虹膜深褐色。夏羽头、颈、上胸淡灰褐色,具黑褐色纵纹,眉纹白色,贯眼纹黑色。上体灰色,具黑色细窄羽干纹,灰褐色肩部有较宽黑色羽轴纹,形成显著的黑色分枝纵带。翼上覆羽和初级飞羽黑色,次级飞羽端部白色形成翅斑,飞行时醒目。下体白色,胸部具褐色细纵纹,腹、尾下覆羽白色。尾及尾上覆羽淡灰色,尾羽具白色尖端,外侧尾羽白色。脚短,橘黄色。冬羽斑纹淡,肩部黑色纵带消失。

旅鸟。4、5 月和 9、10 月常见于环岛河流退潮后的河滩。

翘嘴鹬 / 孙虎山

翘嘴鹬 / 孙虎山

矶鹬 | *Actitis hypoleucos* | Common Sandpiper | 鹬科 Scolopacidae

矶鹬，体长 20 cm。雌雄相似。嘴短而直，灰褐色。虹膜深褐色。夏羽头部灰色，眉纹灰白色，过眼纹黑色，脸部灰白色，具黑褐色细密纵纹，颏和喉白色。上体黑褐色，后颈、背、肩和翼覆羽绿褐色，具细的黑褐色羽干纹和端斑，并具闪亮的绿灰色光泽。飞羽黑褐色，基部多有白斑，飞行时白色翅斑明显。前颈和胸部灰白色，具褐色纵纹，其余下体白色，白色的胸侧向背部延伸，翅折叠时在翼角前方形成显著的白斑。中央尾羽橄榄褐色，外侧尾羽灰褐色，具黑白相间的横斑。脚短，橄榄绿色。冬羽色淡，上体羽干纹和横斑不明显，颈、胸部微具或不具纵纹。幼鸟上体具浅色羽缘。

旅鸟。4~6 月和 9、10 月见于岛南部水库及其周边的沼泽地。

矶鹬 / 孙虎山

矶鹬 / 王宜艳

| 翻石鹬 | *Arenaria interpres* | Ruddy Turnstone | 鹬科
Scolopacidae |

翻石鹬，体长 23 cm。雌雄相似。嘴粗短，灰黑色。虹膜深褐色。夏羽头顶、眼先、耳羽、喉部中央白色，头顶和枕部具黑色细纵纹，颊和颈侧具黑色花斑。背、肩橙红色，具黑、白色斑，下背白色，腰具黑色横带。小翼羽、初级覆羽黑色，中覆羽红褐色，初级飞羽黑褐色，外侧次级飞羽基部白色，端部黑色，形成明显的白色翅斑。前颈和胸具黑色宽斑，向颈侧延伸至眼及嘴基前端，其余下体纯白色。尾黑色，尾上覆羽白色。脚短，亮橘红色。冬羽栗色消失，羽毛变为暗褐色，黑白斑驳不再明显。幼鸟上体具浅色羽缘。

旅鸟。春秋迁徙季节偶见于环岛河流退潮后的河滩。为国家二级保护动物。

翻石鹬 / 非繁殖羽 / 孙虎山

翻石鹬 / 繁殖羽 / 孙虎山

大滨鹬 *Calidris tenuirostris* Great Knot 鹬科 Scolopacidae

大滨鹬，体长 27 cm。雌雄相似。嘴黑色，较长而厚，端部微下弯。虹膜深褐色。夏羽头、颈密布白色和黑褐色相间细条纹，颏、喉白色。上体深灰褐色，具模糊的纵纹，肩部及翼上具栗红色斑杂黑斑，两翼具白色横斑，翅折合时通常超出尾尖，腰和尾上覆羽白色。下体白色，胸部密布黑色大点斑，远处看似深色的胸带，两胁具稀疏的黑色大点斑。尾羽暗灰色。脚灰绿色。冬羽头、颈密布黑色纤细纵纹，上体灰色而无栗红色，下体具稀疏的黑色小点斑。

旅鸟。4、5 月和 9、10 月常见于环岛河流退潮后的河滩和养殖池塘。为国家二级保护动物。

大滨鹬 / 孙虎山

大滨鹬 / 孙虎山

| 红腹滨鹬 | *Calidris canutus* | Red Knot | 鹬科
Scolopacidae |

红腹滨鹬，体长24 cm。雌雄相似。嘴短，直而厚，深灰色。虹膜深褐色。夏羽头、喉、胸和腹部均为红色且少斑纹，上体灰黑色，具红色斑块，腰灰色。脚黄绿色。冬羽上体灰色，略具鳞状斑，下体白色或皮黄色，两胁具深色箭头纹。

旅鸟。春秋迁徙季节偶见于环岛河流退潮后的河滩。

红腹滨鹬 / 繁殖羽 / 孙虎山

红腹滨鹬 / 非繁殖羽 / 孙虎山

| 三趾滨鹬 | *Calidris alba* | Sanderling | 鹬科
Scolopacidae |

三趾滨鹬，体长 20 cm。雌雄相似。嘴黑色、尖端微向下弯。虹膜深褐色。夏羽头、颈部及上体赤褐色，具黑色纵纹，额基、额和喉白色。小覆羽和初级覆羽黑色，中覆羽和大覆羽灰色，具淡灰色或白色羽缘。飞羽黑色，具宽阔的白色翅斑。肩和三级飞羽主要为黑色，具棕色羽缘和白色"V"形斑及白色尖端。腰和尾上覆羽中央黑色而两侧白色。下体白色。中央尾羽黑褐色，两侧淡灰色。脚黑色，无后趾。冬羽头、颈及上体变为灰白色，赤褐色消失，下体纯白色。

旅鸟。4、5 月和 9、10 月偶见于环岛河流退潮后的河滩和养殖池塘。

三趾滨鹬 / 非繁殖羽 / 孙虎山

三趾滨鹬 / 繁殖羽 / 孙虎山

三趾滨鹬 / 孙虎山

| 红颈滨鹬 | *Calidris ruficollis* | Red-necked Stint | 鹬科 Scolopacidae |

红颈滨鹬，体长 15 cm。雌雄相似。嘴短直，黑色。虹膜深褐色。夏羽头顶、眉纹、头侧、颈、上胸、背、肩红褐色，贯眼纹黑褐色，额、颏白色，头顶和后颈具黑褐色细纵纹，背和肩具黑褐色中央斑与灰白色羽缘。翼上覆羽黑褐色，具红褐色羽缘和白色端斑。腰、尾上覆羽和尾羽中部黑褐色，而两侧白色或淡灰色。下体白色，胸微缀少许褐色斑。脚黑色。冬羽红褐色消失，眉纹、喉、头侧、前颈白色，整个上体灰褐色，具黑色羽轴和白色羽缘。

旅鸟。4、5 月和 8、9 月见于环岛河流退潮后的河滩及岛上水库和养殖池塘。

红颈滨鹬 / 繁殖羽 / 孙虎山

98

红颈滨鹬 / 非繁殖羽 / 孙虎山

小滨鹬	*Calidris minuta*	Little Stint	鹬科 Scolopacidae

小滨鹬,体长14 cm,小型鹬。雌雄相似。嘴粗短,黑色。虹膜深褐色。夏羽头顶淡栗色,具黑褐色纵纹,头侧、后颈淡栗色具褐色纵纹,眉纹白色,眉斑断开,贯眼纹暗褐色。颏、喉白色,颈侧有粗糙的痕迹。上体灰褐色,肩羽中部黑色、外缘栗色、边缘灰白色,上背具显眼的白色"V"形带斑。覆羽和三级飞羽中央黑色而羽缘锈红色。下体白色,胸部常有不明显的暗褐色胸带。脚深灰色。冬羽上体偏灰色,颈、胸、腹白色无斑纹。

旅鸟。春秋迁徙季节偶见于环岛河流退潮后的河滩。

小滨鹬 / 朱星辉

青脚滨鹬	*Calidris temminckii*	Temminck's Stint	鹬科 Scolopacidae

青脚滨鹬，体长 14 cm，小型鹬。雌雄相似。嘴黑色、下嘴基部青绿色。虹膜深褐色。夏羽眉纹白色，窄而不明显，眼先暗褐色，颊、耳区、颈侧褐色，缀淡棕色和黑褐色纵纹。头顶至后颈染栗黄色，具黑褐色纵纹，颏、喉白色。上体灰褐色，背、肩羽中心斑黑褐色，具红色羽缘和灰色尖端。翼覆羽灰褐色，飞羽暗褐色或灰褐色，初级和次级飞羽基部白色，形成白色翼斑。腰部暗灰褐色，具略沾灰色的羽缘。下体白色，胸带灰色，腹部白色。中央尾羽黑色，外侧尾羽灰白色。腿短，橄榄绿色。冬羽上体暗褐色，具黑羽轴和灰色羽缘，无杂斑，颈至胸暗灰色，胸侧具灰褐色块斑。

旅鸟。4、5 月和 8、9 月常见于岛上各处沼泽地、养殖池塘和水库。

青脚滨鹬／孙虎山

| 长趾滨鹬 | *Calidris subminuta* | Long-toed Stint | 鹬科 Scolopacidae |

长趾滨鹬，体长14 cm，小型鹬。雌雄相似。嘴黑色，基部青绿色，细长而尖。虹膜深褐色。夏羽眉纹白色，眼先和贯眼纹深褐色，头顶棕色，具黑褐色纵纹，后颈淡褐色，具暗色细纵纹，颏和喉白色。上体具黑色粗纵纹，背、肩部中央黑色，具棕色、栗色和白色羽缘，形成背部的"V"形白斑。飞羽暗褐色，基部白色，形成白色翼斑。腰部中央暗灰褐色。胸部浅褐灰色，具明显黑褐色纵纹，两侧显著，其余下体白色。中央尾羽黑色，外侧尾羽灰白色。脚绿黄色，趾明显较长，中趾长度超过嘴长。冬羽上体偏暗灰色，眉纹不明显。

旅鸟。4、5月和8、9月偶见于环岛河流退潮后的河滩。

长趾滨鹬 / 孟向东

长趾滨鹬 / 孙虎山

| 尖尾滨鹬 | *Calidris acuminata* | Sharp-tailed Sandpiper | 鹬科 Scolopacidae |

尖尾滨鹬，体长 19 cm。雌雄相似。嘴短而尖细，灰褐色。虹膜黑褐色。夏羽眉纹白色，具褐色细斑纹，眼先至耳区白色，具黑褐色贯眼纹，头顶红褐色，密布黑色纵纹。颏、喉、面颊白色，具淡黑褐色点斑。上体黑褐色，羽缘多染栗色或黄白色，腰中轴区黑色，两侧白色。下体白色，前颈、上胸沾浅黄色，密布黑褐色斑点，下胸和两胁具粗而显著的"V"形斑。尾楔形，中央尾羽黑色，外侧尾羽灰褐色，尾上覆羽黑色，尾下覆羽白色，具暗纹。脚青绿色，跗蹠较短。冬羽上体偏灰色，红褐色变淡，下体白色，黑褐色斑纹细小。

尖尾滨鹬 / 繁殖羽 / 孙虎山

旅鸟。4、5 月和 9、10 月常见于岛上的养殖池塘和沼泽地。

尖尾滨鹬 / 非繁殖羽 / 孙虎山

| 阔嘴鹬 | *Calidris falcinellus* | Broad-billed Sandpiper | 鹬科
Scolopacidae |

阔嘴鹬，体长 17 cm。雌雄相似。嘴基部宽扁而直，端部有一突兀的下弯，具小纽结，看似破裂，黑色，有时缀有褐色或绿色。虹膜深褐色。夏羽眼上具上细下粗的两道白色眉纹，并在眼前合二为一，沿眼先延伸到嘴基，贯眼纹黑褐色。头顶黑褐色，背部红褐色，具中央黑斑和白色羽缘，在背部中央形成一很大的"V"形白斑。翼羽黑色多具白色等浅色羽缘，翼角常具明显的黑色块斑。腰及尾上覆羽的中心部位黑色而两侧为白色。下体白色，胸部具褐色细纹或斑点。脚短，灰黑色。冬羽上体浅灰色，羽缘白色，翼角黑色较重，下体白色而少斑纹。

旅鸟。迁徙季节偶见于环岛河流退潮后的河滩。为国家二级保护动物。

| 弯嘴滨鹬 | *Calidris ferruginea* | Curlew Sandpiper | 鹬科 Scolopacidae |

弯嘴滨鹬,体长 21 cm。雌雄相似。嘴长而下弯,黑色。虹膜深褐色。夏季大部分体羽红棕色,头顶黑褐色而羽缘栗色,眉纹、头侧、颈和整个下体栗红色。肩、上背暗褐色,羽缘多染栗红色或羽端白色,翼上覆羽灰褐色而羽干纹黑褐色,飞羽黑色。下腰和尾上覆羽白色,具少量黑褐色横纹。尾羽黑褐色,中央较暗,尾下白色。脚黑色。冬羽长眉纹白色,上体大部分灰色,几无纵纹而羽缘白色,下体白色,胸浅褐色。

旅鸟。4、5月和8、9月见于环岛河流退潮后的河滩及岛上水库。

弯嘴滨鹬 / 非繁殖羽 / 孙虎山

弯嘴滨鹬 / 繁殖羽 / 孙虎山

黑腹滨鹬 | *Calidris alpina* | Dunlin | 鹬科 Scolopacidae

　　黑腹滨鹬，体长 19 cm。雌雄相似。嘴长，尖端明显向下弯曲，黑色。虹膜深褐色。夏羽头顶棕栗色，具黑褐色纵纹。头侧淡白色，微具暗色纵纹，眉纹白色，颏、喉白色。前颈白色，微具黑褐色纵纹。后颈灰色或淡褐色，具黑褐色纵纹。上体偏棕色，背、肩部栗色，翼上覆羽灰褐色，具淡灰色或白色羽缘。飞羽黑色，腰和尾上覆羽中间黑褐色，两边白色。下体白色，胸部具显著的黑褐色纵纹，腹中央有一大的黑色斑，尾下覆羽白色。中央尾羽黑褐色，两侧尾羽灰色。脚黑色。冬羽上体偏灰色，具黑褐色羽干纹，下体纯白色，腹部无黑色斑。

黑腹滨鹬 / 非繁殖羽 / 孙虎山

　　旅鸟。4、5 月和 9、10 月见于环岛河流退潮后的河滩及岛上各处沼泽地。

黑腹滨鹬 / 繁殖羽 / 孙虎山

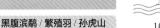

燕鸻科 Glareolidae

| 普通燕鸻 | *Glareola maldivarum* | Oriental Pratincole | 燕鸻科 Glareolidae |

普通燕鸻，体长 25 cm。雌雄相似。嘴黑色，基部红色，宽短而尖端下弯，嘴裂宽阔。虹膜深褐色。夏羽眼先经眼下缘沿头侧向下有一条黑色细线，形成围着棕白色的喉环形圈，圈外缘有窄的白色圈。头顶褐灰色沾棕色，颊、颈黄褐色，颏、喉部棕白色或皮黄色。上体浅棕褐色，翼长而尖，近黑色。下体胸黄褐色，腹部灰白色，翅下覆羽栗色。尾叉状，尾上覆羽和尾羽基部白色，末端黑色。脚黑色。冬羽嘴基无红色，喉斑淡褐色，外缘黑圈不明显且无白圈。

夏候鸟。5~9 月常见于岛中东部低矮草地和闲置农田。

普通燕鸻 / 孙虎山

普通燕鸻 / 孙虎山

鸥科 Laridae

| 红嘴鸥 | *Chroicocephalus ridibundus* | Black-headed Gull | 鸥科
Laridae |

　　红嘴鸥，体长 40 cm。雌雄相似。夏羽嘴暗红色，虹膜褐色，眼后缘有细的新月形白色眼圈，头至颈上部咖啡褐色，形成一深色头罩，颏中央白色。颈下部、上背、肩、尾上覆羽和尾白色，下背、腰及翼上覆羽淡灰色，翼前缘和初级飞羽白色，翼尖黑色但并不长，微具白色点斑。脚赤红色。冬羽嘴红色或黄色而尖端黑色，头部转为白色，头罩消失，头顶和后头沾灰，眼前缘及耳区具灰黑色点斑。

　　留鸟。常年可见于环岛河流及岛上水库和养殖池塘。春夏繁殖季节数量最少，秋季迁徙季节数量最多。

红嘴鸥 / 繁殖羽 / 孙虎山

红嘴鸥 / 亚成鸟 / 孙虎山

红嘴鸥 / 非繁殖羽 / 孙虎山

黑嘴鸥　*Saundersilarus saundersi*　Saunder's Cull　鸥科 Laridae

　　黑嘴鸥，体长 33 cm，小型海鸥。雌雄相似。嘴粗而短，黑色。虹膜黑褐色，白色眼圈明显，眼上下缘在眼后连成新月形白斑。夏羽头部黑色并延伸到颈后，深色头罩较红嘴鸥的大且色深。颈下部、上背和肩白色，下背、腰、三级飞羽和翅上覆羽灰色，翅前缘、外侧边缘白色，初级飞羽白色或灰白色并具黑色尖端。下体白色，与白色的尾羽、尾上覆羽及颈部连成一体。脚深红色。冬羽头白色无深色头罩，眼后耳区有黑色斑点，头顶缀有淡褐色。

　　夏候鸟。4~10 月见于环岛河流及岛上水库，其中 9、10 月最为常见。为国家一级保护动物。

黑嘴鸥 / 亚成鸟 / 王宜艳

黑嘴鸥 / 繁殖羽 / 孙虎山

黑嘴鸥 / 非繁殖羽 / 孙虎山

遗鸥	*Ichthyaetus relictus*	Relict Gull	鸥科 Laridae

遗鸥，体长 45 cm。雌雄相似。嘴粗壮，暗红色。虹膜棕褐色，眼圈白而宽，在眼上、眼下各形成一个半月形白斑。夏羽头部黑棕色至黑色，形成浓黑的头罩并延至颈后。背部、肩部为淡灰色，外侧初级飞羽基部白色，具黑色次端斑，次端斑依次变小，至第 6 枚初级飞羽时次端斑仅为一黑色小斑点，前两枚初级飞羽黑色，次端斑后各具一大白斑形成翼镜，飞行时两翼的尖端呈黑色并可见两枚明显的白色翼镜。腰部、尾羽和下体均为白色。脚暗红色或珊瑚红色。冬羽头部变为白色，无黑色头罩，耳区有暗灰色斑点，在头顶至后颈有深色条纹。幼鸟嘴和脚黑色，翼上具褐色斑纹。

遗鸥 / 非繁殖羽 / 周志浩

旅鸟。8~12 月偶见于环岛河流及岛上水库。为国家一级保护动物。

遗鸥 / 繁殖羽 / 周志浩

| 渔鸥 | *Ichthyaetus ichthyaetus* | Pallas`s Gull | 鸥科
Laridae |

　　渔鸥，体长 68 cm，大型鸥。雌雄相似。嘴长而厚，黄色，末端红色并具黑色环带。虹膜褐色，上下眼睑白色。额弓较低。夏羽头部黑色，形成明显的黑色头罩。上体和翼上覆羽浅灰色，飞羽灰色或白色，仅翼尖有小块黑色并具白色翼镜。下体白色。脚黄色。冬羽头白，黑色头罩消退，眼周留有暗斑，头顶有少量深色纵纹，嘴端红色大部分消失。幼鸟嘴粉色而端斑黑色，上体褐色，具淡色羽缘，形成鳞状斑，胸侧深色，尾端具黑色带。

　　旅鸟。迁徙季节偶见。

渔鸥 / 周志浩

黑尾鸥	*Larus crassirostris*	Black-tailed Gull	鸥科 Laridae

黑尾鸥，体长 47 cm。雌雄相似。嘴粗壮，黄色，尖端红色并具黑色环带。虹膜淡黄色，眼睑朱红色。夏羽头、颈白色。背和两翼深灰色，两翼长而窄，外侧初级飞羽黑色，次级飞羽深灰色，尖端白色，形成翅的白色后缘，合拢的翼尖上具四个白色斑点。腰、尾上覆羽及整个下体均白色。尾白色，具宽大黑色次端带。脚黄色。冬羽头顶及颈背具灰褐色斑。第一冬的鸟多沾褐色，嘴粉红而端黑，脸部色浅，尾黑色，尾上覆羽白色。第二年的鸟似成鸟，但翼尖褐色，尾上黑色较多。

留鸟。一年四季都可见于岛上及其周边各种水域，夏季数量较少，其他季节较多。

黑尾鸥 / 幼鸟 / 孙虎山

黑尾鸥 / 亚成鸟 / 孙虎山

黑尾鸥 / 亚成鸟 / 孙虎山

黑尾鸥 / 孙虎山

黑尾鸥 / 成鸟 / 孙虎山

| 普通海鸥 | *Larus canus* | Mew Gull | 鸥科
Laridae |

普通海鸥,体长50 cm。雌雄相似。嘴纤细,亮绿黄色,有时尖端具黑色斑点。虹膜淡黄色。夏羽头、颈、腰和整个下体白色,背、肩和翅上覆羽灰色,外侧两枚初级飞羽黑色,并各有一个大的白色亚端斑,形成两个显著的翼镜,其余初级飞羽灰色,具黑色次端斑和白色端斑,次级飞羽基部灰色,端部白色。尾白色。脚绿黄色。冬羽头、颈部具灰褐色小纵斑,近嘴尖有黑色斑。幼鸟上体具褐色斑,头、颈、胸和两胁具浓密的褐色纵纹,尾具黑色次端带。第二年的鸟似成鸟,但头上褐色较深,翼尖黑色。

冬候鸟。9月至次年4月常见于环岛河流及岛上水库和养殖池塘。

普通海鸥 / 成鸟 / 孙虎山

普通海鸥 / 亚成鸟 / 王宜艳

普通海鸥 / 成鸟 / 孙虎山

| 小黑背银鸥 | *Larus fuscus* | Lesser | 鸥科
Laridae |

小黑背银鸥，体长约 60 cm，大型鸥。雌雄相似。嘴强壮，黄色，次端部常具一丝黑色带，下嘴次端部具一红色斑点。虹膜浅黄色，眼周裸皮红色。夏羽头白色，上体深灰色，比多数海鸥色深。第一至第七枚初级飞羽具黑色次端斑和白色小端斑，黑色次端斑的大小依次递减，第一枚初级飞羽还具一枚白色翼镜，飞行时可看到初级飞羽外侧的白色端斑相对较小并具单个白色翼镜。下体和尾白色。脚偏黄色。冬羽眼周具暗色污斑，头顶、枕部、颈部具黑色细纵纹，尤其是后颈纵纹较多。

冬候鸟。9 月至次年 4 月见于环岛河流及岛上水库和养殖池塘。

小黑背银鸥／孙虎山

小黑背银鸥（左二）与西伯利亚银鸥／孙虎山

西伯利亚银鸥　　*Larus smithsonianus*　　Siberian Gull　　鸥科 Laridae

　　西伯利亚银鸥，体长 62 cm，大型鸥。雌雄相似。嘴较厚重，黄色，下嘴次端部具较大的红斑。虹膜黄褐色，眼周裸皮红色。夏羽头、颈白色，上体体羽变化由浅灰至灰，背、肩、翼内侧覆羽灰色较淡。肩羽具宽阔的白色斑，合拢的翼上可见多至五枚大小相等的白色翼尖，飞行时可见分别位于外侧两枚初级飞羽上一大一小两枚明显的白色翼镜。腰、尾上覆羽和整个下体白色。尾白色。脚肉红色。冬羽头、颈及胸部具深色纵纹和污斑。幼鸟嘴黑色，基部慢慢变淡，体羽色很深，次级飞羽深褐色。

西伯利亚银鸥 / 非繁殖羽 / 孙虎山

　　冬候鸟。9 月至次年 4 月常见于环岛河流及岛上水库、养殖池塘和沼泽地。

西伯利亚银鸥 / 亚成鸟 / 孙虎山

西伯利亚银鸥 / 繁殖羽 / 孙虎山

西伯利亚银鸥与黑尾鸥 / 孙虎山

| 鸥嘴噪鸥 | *Gelochelidon nilotica* | Gull-billed Tern | 鸥科 Laridae |

鸥嘴噪鸥，体长 39 cm。雌雄相似。嘴直而粗壮，黑色。虹膜黑色。夏羽额、头顶、枕和头的两侧从眼和耳羽以上黑色，形成黑色头罩，眼先、眼以下头侧白色。上体背、肩、腰和翅上覆羽灰色，初级飞羽银灰色。下体白色，与颈、头侧连为一体。尾呈深叉状，中央一对尾羽灰色，两侧尾羽白色。脚黑色。冬羽头白色而无黑色头罩，头顶和枕缀有灰色并具不明显的灰褐色纵纹，耳区有烟灰色污斑，有时具贯眼黑色条纹。幼鸟头顶、后颈和翼上覆羽具浅褐色斑纹。

夏候鸟。4~10 月常见于岛上各种水域。

鸥嘴噪鸥 / 成鸟 / 王宜艳

鸥嘴噪鸥 / 成鸟和幼鸟 / 孙虎山

红嘴巨燕鸥 *Hydroprogne caspia* Caspian Tern 鸥科 Laridae

红嘴巨燕鸥，体长 49 cm，特大型燕鸥。雌雄相似。嘴红色，端部黑色，粗壮而醒目。虹膜黑色。夏羽额至头后黑色，上体和翼上覆羽浅灰色，初级飞羽黑色，停歇时超过尾羽。尾较短，分叉较深。脚黑色。冬羽额和头顶不为全黑，白色上具黑色纵纹，略具短冠羽。幼鸟嘴暗橙色，上体具褐色横斑。

夏候鸟。4~10 月见于环岛河流及岛上水库，其中 8、9 月比较常见。

红嘴巨燕鸥 / 孙虎山

红嘴巨燕鸥 / 孙虎山

白额燕鸥	*Sternula albifrons*	Little Tern	鸥科 Laridae

白额燕鸥，体长 24 cm，小型鸥。雌雄相似。嘴尖长，黄色，尖端黑色。虹膜黑色。夏羽眼先、贯眼纹黑色，在眼后与头顶、枕及后颈的黑色头罩相连，额白色，眼以下头侧、颈侧白色。背、肩、腰及翼上覆羽淡灰色，最外侧 2~3 枚次级飞羽黑色而羽干白色。颏、喉及整个下体包括腋羽和翼下覆羽均白色。尾白色，外侧尾羽延长形成叉状。脚橙黄色。冬羽嘴黑色，基部黄色，头部白色扩大，黑色变淡变窄向后退缩成月牙形，脚黄褐色。幼鸟上体具褐色杂斑。

夏候鸟。5~8 月常见于岛上各种水域。

白额燕鸥 / 王宜艳

白额燕鸥 / 成鸟 / 孙虎山

白额燕鸥 / 亚成鸟 / 孙虎山

| 普通燕鸥 | *Sterna hirundo* | Common tern | 鸥科
Laridae |

普通燕鸥，体长 35 cm。雌雄相似。虹膜黑色。夏羽嘴红色，端部黑色。前额经眼、枕和后颈的整个头顶部黑色，形成黑色头罩，眼以下颊部、嘴基、颈侧、颏、喉白色。背、肩、翼上覆羽和飞羽灰色，初级飞羽暗灰色而羽轴白色，腰白色，翅闭合时翅尖可达尾尖。下体白色，胸、腹沾葡萄灰褐色。尾白色，外侧尾羽延长且外侧黑色，深叉形。脚红色。冬羽嘴黑色，前额白色，头顶前部白色具黑色纵纹，颈背黑色，脚暗红色。幼鸟上体及翅具白色羽缘和黑色亚端斑，第一冬的鸟上体褐色浓重，上背具鳞状斑。

夏候鸟。4~9 月常见于岛上各种水域。

普通燕鸥 / 王宜艳　　　　　　　　　　　　　　　　普通燕鸥 / 李福友

普通燕鸥 / 孙虎山

灰翅浮鸥	*Chlidonias hybrida*	Whiskered Tern	鸥科 Laridae

灰翅浮鸥，体长 25 cm，小型鸥。雌雄相似，雌鸟较小。虹膜深褐色。夏羽嘴紫红色。黑色头罩自嘴基沿眼睛下缘经耳区到后枕，与白色的额、喉及眼下的整个颊部形成鲜明对比。上体背、腰灰色，肩部灰黑色，飞羽灰黑色而羽轴多为白色，前颈与上胸暗灰色，下胸、腹和两胁黑色。尾羽短，浅开叉，灰色。脚红色。冬羽嘴黑色，前额白色，头顶至后颈黑色并具白色纵纹，上体灰色，下体白色。幼羽上体颜色较深，具浅黄褐色鳞状斑。

夏候鸟。5~9 月常见于岛上各种水域。

灰翅浮鸥 / 王宜艳

灰翅浮鸥 / 李福友

白翅浮鸥 　　*Chlidonias leucopterus*　　White-winged Tern　　鸥科 Laridae

　　白翅浮鸥，体长 23 cm，体小。雌雄相似。虹膜深褐色。夏季嘴红色。头、颈、背、胸、腹黑色，腰、尾覆羽和尾白色，对比鲜明。翼上覆羽近白，翼下覆羽黑色，初级飞羽末端黑色，翼长，停歇时超过尾端。尾短，浅开叉，略带银灰色。脚暗红色。冬季嘴黑色，头黑色杂白色斑点，上体浅灰色，下体白色沾灰黑色。幼羽上体具深褐色鳞状斑。

　　夏候鸟。5~9 月见于岛上水库和环岛河流。

白翅浮鸥 / 孙虎山

潜鸟目 GAVIIFORMES
潜鸟科 Gaviidae

| 红喉潜鸟 | *Gavia stellata* | **Red-throated Diver** | 潜鸟科
Gaviidae |

　　红喉潜鸟，体长 61 cm，大型游禽。雌雄相似。嘴灰黑色，尖直而微上翘，鼻孔裂缝状，具革质膜。虹膜红色。夏羽头部、脸部、颈部灰色，喉部至上胸具显著的栗红色三角形块斑，颈长而粗。背部黑褐色间有白色细斑，肩部有黑、白相间的细条纹，其余上体黑褐色。下胸至腹部白色，两胁有暗色斑纹。尾短，尾下覆羽具黑色横斑。脚绿黑色。冬羽整体色浅，脸部和颈部白色，无栗色和灰色。

　　冬候鸟。春秋迁徙季偶见于环岛的河流。

鹳形目 CICONIIFORMES
鹳科 Ciconiidae

| 黑鹳 | *Ciconia nigra* | Black Stork | 鹳科
Ciconiidae |

　　黑鹳,体长 100 cm,大型涉禽。雌雄相似,嘴、颈、脚均甚长,整体上黑下白。嘴基部粗大,先端逐渐变细,红色。虹膜褐色,眼周、颊裸露皮肤鲜红色。除了下胸、腹部、两胁为白色外,其他体羽均为黑色并带紫绿色辉光。前颈下部羽毛延长形成蓬松的颈环,求偶期间可立起。尾短圆,黑色。脚鲜红色。幼鸟嘴及脚暗红褐色,上体灰褐色,下体白色。

　　旅鸟。4、5 月和 9、10 月的迁徙季节常见于岛上空闲农田和沼泽地。为国家一级保护动物。

黑鹳 / 成鸟 / 孙虎山

黑鹳 / 成鸟 / 李福友

黑鹳 / 亚成鸟 / 孙虎山

东方白鹳	*Ciconia boyciana*	Oriental Stork	鹳科 Ciconiidae

东方白鹳，体长 105 cm，大型涉禽。雌雄相似。嘴黑色，粗长，基部厚而先端尖锐。虹膜浅黄色。眼先、眼周和喉部的裸露皮肤朱红色。全身羽毛多为白、黑色。头颈白色，前颈下部和胸部羽毛呈长针形，求偶期间可竖起。飞羽黑色，初级飞羽基部白色，内侧初级飞羽和次级飞羽外翈羽缘灰白色，小覆羽和中覆羽白色，小翼羽、大覆羽、初级覆羽黑色。尾较短，白色。腿甚长，橘红色。

夏候鸟。3~12 月常见于岛上低矮草地、农田和沼泽地。为国家一级保护动物。

东方白鹳 / 孙虎山

东方白鹳 / 李福友

东方白鹳 / 孙虎山

鲣鸟目 SULIFORMES
鸬鹚科 Phalacrocoroacidae

| 普通鸬鹚 | *Phalacrocorax carbo* | Gteat Cormorant | 鸬鹚科 Phalacrocoroacidae |

普通鸬鹚，体长 90 cm，大型游禽。雌雄相似。上嘴黑色，弯曲呈钩状，嘴缘和下嘴灰白色。虹膜翠绿色。眼先橄榄绿色，缀以黑斑，眼下橙黄色。夏羽头、颈和羽冠黑色，具紫绿色金属光泽，并杂有白色丝状细羽。喉囊长、橄榄黑色，具有伸缩性，喉部白色羽形成宽带包围着裸露喉囊。上体黑色，两肩和翅具青铜色光彩。下体蓝黑色，缀金属光泽，下胁有白色块斑。脚黑色，具全蹼。冬羽头颈部无白色丝状羽，两胁无白色斑。

旅鸟。3~5 月和 8~11 月常见于环岛河流及岛上水库、养殖池塘和沼泽地，其中 9、10 月的数量特别多。

普通鸬鹚 / 孙虎山

普通鸬鹚 / 孙虎山

绿背鸬鹚 *Phalacrocorax capillatus* Japanese Cormorant 鸬鹚科 Phalacrocoroacidae

绿背鸬鹚，体长 81 cm，大型游禽。雌雄相似。嘴粗直，尖端下弯呈钩状，灰黑色。虹膜青绿色。嘴基、眼先、眼周裸露无羽，黄色，嘴裂处黄色裸皮向后延伸呈锐角。眼后颊部白色。夏羽头颈部青绿色，具白色丝状羽，背、翼金属暗绿色并具暗褐色羽缘，胸、腹青铜色，两胁具白色斑块。尾青色。脚黑色，具全蹼。冬羽头颈部无白色丝状羽，两胁无白色斑。

旅鸟。9、10月可见于环岛河流及岛上水库。

绿背鸬鹚 / 孙虎山

绿背鸬鹚 / 孙虎山

125

鹈形目 PELECANIFORMES
鹮科 Threskiornithidae

| 白琵鹭 | *Platalea leucorodia* | Eurasian Spoonbill | 鹮科
Threskiornithidae |

白琵鹭，体长 84 cm，大型涉禽。雌雄相似。嘴黑色而先端黄色，长而直，上下扁平，先端扩大呈匙状，形如琵琶。虹膜红褐色。眼先、眼周、颏和上喉裸露部分黄色，眼至嘴基有一黑色细线连接。全身体羽白色。夏羽枕部具黄色长丝状饰羽，形成穗状羽冠。前颈下部染黄色，形成颈环。脚长，胫下部无羽毛覆盖，黑色。冬羽黄色褪去，无羽冠和颈环。

旅鸟。3~5 月和 9~12 月常见于岛上养殖池塘和沼泽地。为国家二级保护动物。

白琵鹭 / 孙虎山

白琵鹭 / 李福友

鹭科 Ardeidae

| 大麻鳽 | *Botaurus stellaris* | Eurasian Bittern | 鹭科 Ardeidae |

大麻鳽，体长 75 cm，大型涉禽。雌雄相似，体形粗壮，整体金褐色，具黑色条纹。嘴长楔形，侧扁而长直，黄绿色，嘴峰黑色。虹膜黄色。前额至头顶黑色，头侧褐色，具黑色颊纹。颈部褐色，具零散而细小的黑色横斑。背部和两翼褐色，密布黑色纵纹，背部纵纹较粗。颏、喉黄白色，具暗褐色中央纹直达胸部。前颈、胸、腹黄褐色，具黑褐色粗著纵纹。两胁黄白色，具黑褐色横纹。尾褐色，具黑色横斑。脚粗短，黄绿色。幼鸟黑色部分淡。

留鸟。全年可见于岛东南部的芦苇荡、沼泽地和水库，但数量很少。

大麻鳽 / 孙虎山

大麻鳽 / 孙虎山

黄斑苇鳽　*Ixobrychus sinensis*　Yelllow Bittern　鹭科 Ardeidae

黄斑苇鳽，体长 32 cm，小型涉禽。嘴长楔形，侧扁而长直，黄色，嘴峰黑色。虹膜黄色。雄鸟眼先裸露处黄色，额和头顶黑色。后颈棕红色，颈基部具大黑斑。背、腰及尾上覆羽灰色，肩部及翼上覆羽黄褐色，飞羽和尾羽黑色，飞行时飞羽与覆羽对比强烈。额和喉白色，其余下体黄白色。脚黄绿色。雌鸟头顶栗褐色，上体和胸有褐色和暗褐色纵纹。

夏候鸟。5~8 月常见于岛东南部的芦苇荡、林地和水库。

黄斑苇鳽 / 孙虎山

128

黄斑苇鳽 / 孙虎山

夜鹭	*Nycticorax nycticorax*	Black-crowned Night Heron	鹭科 Ardeidae

夜鹭，体长 61 cm，体型粗胖。雌雄相似。嘴粗壮，黑色。成鸟虹膜为特征性的红色，眼部周围裸露部分黄绿色，眉纹短，白色。枕部具 2~3 枚长带状白色饰羽，颈较短。上体整体灰黑色，头顶、后颈、肩、背绿黑色，具金属光泽，腰及上体余部灰色。颏、喉、腹部白色，其余下体灰白色。尾短圆，灰色。脚黄色。亚成鸟虹膜橙色，上体和两翼褐色，具白色点斑，下体淡黄色且具大量褐色纵纹。

留鸟。四季常见于岛上水库、林地和芦苇荡。

夜鹭 / 成鸟和幼鸟 / 李凤章

夜鹭 / 亚成鸟 / 孙虎山

夜鹭 / 成鸟 / 孙虎山

| 绿鹭 | *Butorides striata* | Striated Heron | 鹭科
Ardeidae |

绿鹭，体长 43 cm。雌雄相似。嘴灰色，下嘴下缘黄绿色。虹膜黄色。雄鸟眼先和眼周裸皮黄绿色，额、头顶及冠羽黑色且具绿色金属光泽。头侧具一道黑色条纹，从嘴基过眼下至脸颊，有的几达枕部。颏和喉白色。上体深灰色，多带青色金属光泽，背及肩部披有狭长的铜绿色矛状羽，腰和尾上覆羽黑灰色，翼上覆羽和飞羽黑灰色，具有明显的黄白色羽缘。胸、两胁及腹部灰白色，尾下覆羽近白色。尾短而圆。脚黄绿色。雌鸟颜色较暗，喉部具浅灰色斑点。幼鸟上体和两翼褐色，具白色点斑，下体白色，具褐色纵纹。

夏候鸟。5~8 月见于岛上水库、林地和芦苇荡。

绿鹭 / 孙虎山

绿鹭 / 孙虎山

| 池鹭 | *Ardeola bacchus* | Chinese Pond Heron | 鹭科 Ardeidae |

池鹭，体长 47 cm。雌雄相似。嘴粗而直，黄色，尖端黑色，基部蓝色。虹膜黄色，眼周裸露皮肤黄色。雄鸟夏羽头、羽冠、后颈和胸部栗红色，冠羽呈长矛状并延伸至背部，颈基部和背部具延长的蓝灰色蓑羽，肩部紫红色，颏、喉、前颈、两翼、腰和腹部白色。尾短圆。脚黄色，强健。冬羽上体褐色，头、颈和胸部具褐色纵纹，无羽冠。雌鸟体型较小，头、颈及背部色浅。幼鸟羽毛似冬羽。

夏候鸟。5~8 月见于岛上水库、芦苇荡和林地。

池鹭 / 成鸟 / 孙虎山

池鹭 / 亚成鸟 / 孙虎山

池鹭 / 成鸟 / 孙虎山

牛背鹭 | *Bubulcus ibis* | Cattle Egret | 鹭科 Ardeidae

　　牛背鹭，体长 50 cm。雌雄相似。嘴橙黄色，较其他鹭短。虹膜金黄色。夏羽眼先及眼部周围裸露皮肤黄绿色。颈相对较短。全身羽毛分散成发枝状，头、前颈和背中央饰羽橙黄色，背部饰羽黄色呈长矛状，肩、腰、两翼、胸、腹、尾等其他部位均为白色。脚黑色。冬羽通体白色，无黄色饰羽，仅个别个体头部沾黄色，嘴和眼先黄色。幼鸟羽毛似冬羽，但嘴为黑色而非橙色或黄色。

　　夏候鸟。5~8 月见于岛上低矮草地、沼泽地和林地。

牛背鹭 / 非繁殖羽 / 孙虎山

牛背鹭 / 繁殖羽 / 孟向东

牛背鹭 / 孙虎山

苍鹭

Ardea cinerea

Grey Heron

鹭科
Ardeidae

苍鹭，体长 92 cm，大型涉禽。雌雄相似，嘴、颈、脚均甚长，显得身体细瘦。嘴长而直，黄色。虹膜黄色，眼周裸露皮肤黄绿色。成鸟头顶两侧黑色，具 4 根延长成辫状的冠羽，额和喉白色，头部其余部位灰白色。颈长，灰白色，前颈有 2~3 列纵行黑色斑纹。上体灰色，下体白色，飞羽灰黑色。肩部和颈基部均具灰色披针形矛状羽，肩部的蓑羽延伸至尾部，颈基部的蓑羽延长至胸前。两胁灰色，胸和腹部白色，前胸两侧具黑色斑块并沿胸腹向后延伸至肛周处汇合。尾羽灰色。脚黄褐色。幼鸟头颈灰色较浓，背部微缀褐色，蓑羽很短或全缺。

苍鹭 / 非繁殖羽 / 孙虎山

留鸟。终年常见于岛上各种生境，在水库和沼泽地最为常见。

苍鹭 / 繁殖羽 / 孙虎山

草鹭　*Ardea purpurea*　Purple Heron　鹭科 Ardeidae

草鹭，体长 80 cm，大型涉禽。雌雄相似，体蓝灰、黑及栗色。嘴长而尖，黄色，嘴峰褐色。虹膜黄色，眼部周围裸露皮肤黄绿色。成鸟额至枕部蓝黑色，枕部有两枚黑色长辫状冠羽延伸至头后，头侧具嘴角至枕部的蓝黑色纵纹，颏和喉白色。颈细长，栗褐色，两侧有蓝黑色纵纹。背、腰和尾上覆羽灰褐色，飞羽黑色，背部两侧杂有红棕色。胸和上腹中央棕栗色，下腹蓝色，两胁灰色。尾暗褐色。脚黄绿色。幼鸟无羽冠，背、肩和翼上覆羽暗褐色，具红褐色宽羽缘。

夏候鸟。5~9 月常见于岛上林地、芦苇荡和沼泽地。

草鹭 / 李福友

草鹭 / 非繁殖羽 / 周志浩

草鹭 / 繁殖羽 / 周志浩

草鹭 / 李福友

| 大白鹭 | *Ardea alba* | Great Egret | 鹭科
Ardeidae |

大白鹭，体长 95 cm，大型涉禽。雌雄相似，嘴、颈、脚长，贯穿嘴角的嘴裂至眼后，通体白色。夏羽嘴黑色，嘴基黑绿色，眼先蓝色，虹膜淡黄色，眼部周围裸露部分黑色。肩背部具纤细分散的蓑羽延伸至尾后，前颈基部亦具较短的蓑羽。胫部裸露部分淡粉红色，跗蹠和趾黑色。冬季嘴黄色，眼先黄色，脚黑色，颈部和肩背部无蓑羽。

夏候鸟。3~12 月常见于岛上各种生境。

大白鹭 / 繁殖羽 / 孙虎山

大白鹭 / 非繁殖羽 / 孙虎山

中白鹭 | *Ardea intermedia* | Intermediate Egret | 鹭科 Ardeidae

中白鹭，体长 69 cm，介于白鹭和大白鹭之间。雌雄相似，通体白色。夏季嘴黑色，仅基部黄色，较大白鹭粗短，嘴裂至眼下方。虹膜黄色，眼先黄色，眼先四周裸露部分绿色。背部和前颈具长矛状白色蓑羽，背部蓑羽长至尾后，前颈蓑羽较短。腿部有羽毛覆盖，脚黑色。冬季嘴黄色而仅尖端黑色，背部和颈部无蓑羽。

夏候鸟。5~9 月见于环岛河滩和岛上的沼泽地。

中白鹭 / 孙虎山

中白鹭 / 孙虎山

| 白鹭 | *Egretta garzetta* | Little Egret | 鹭科
Ardeidae |

白鹭，体长 60 cm。雌雄相似，嘴、颈、脚长，通体白色。嘴黑色。虹膜黄色。夏羽眼先淡绿色或粉红色，枕部具两枚长辫状冠羽，前颈基部具延长的丝状蓑羽，下垂到胸部，背部亦具延长的蓑羽，长度常超出尾端。腿黑色，趾黄绿色。冬羽眼先黄色，头部无辫状冠羽，背部和前颈无延长的蓑羽。

夏候鸟。4~10 月常见于岛上各种生境，在河滩和水库最为常见。

白鹭 / 繁殖羽 / 孙虎山

白鹭 / 非繁殖羽 / 孙虎山

鹰形目 ACCIPITRIFORMES

鹗科 Pandionidae

| 鹗 | *Pandion haliaetus* | Osprey | 鹗科 Pandionidae |

鹗，体长 55 cm。雌雄相似。嘴黑色，上嘴较下嘴长，强大弯曲成钩状且锐利，蜡膜暗蓝色，鼻孔位于蜡膜上。虹膜黄色。雄鸟头具白色羽冠，前额、头顶白色并具褐色纵纹，头侧具明显的黑褐色宽贯眼纹并延伸到颈侧和枕部。颏与喉白色，具暗褐色细羽干纹。上体暗褐色，飞羽黑褐色，飞翔时两翅狭长且不能伸直，翼下覆羽大都为白色，具黑色条带。下体白色，胸具褐色斑块。尾淡褐色，除中央一对外均具有白色横斑，扇形。脚具白色被羽。雌鸟胸部褐色斑块较雄鸟显著。幼鸟背部和两翼具浅色羽缘。

旅鸟。4、5 月和 8~10 月见于岛上沼泽地和闲置农田。为国家二级保护动物。

鹗 / 孙虎山

鹗 / 孙虎山

鹰科 Accipitridae

| 黑翅鸢 | *Elanus caeruleus* | Black-winged Kite | 鹰科 Accipitridae |

黑翅鸢，体长 30 cm，小型猛禽。雌雄相似，整体灰、白、黑三色。嘴短而尖，弯曲呈钩状，黑色，基部蜡膜亮黄色，鼻孔裸露。虹膜朱红色，眼周黑色。成鸟头顶灰色，脸颊白色，眼先被须，眉纹白色，贯眼纹黑色。上体背、两翼灰色，翼上小覆羽黑亮而形成一个长条状黑色斑块，初级覆羽、大覆羽和次级飞羽烟灰色，初级飞羽黑色，飞行时常悬停。胸、腹等下体白色。尾白色。脚黄色。幼鸟头、胸、两翼带褐色。

留鸟。四季可见于岛上林地和低矮草地。为国家二级保护动物。

黑翅鸢 / 成鸟 / 孙虎山

黑翅鸢 / 幼鸟 / 孙虎山

凤头蜂鹰 　　*Pernis ptilorhynchus*　　Oriental Honey Buzzard　　鹰科 Accipitridae

凤头蜂鹰，体长 58 cm。雌雄相似，色型变化大。嘴黑色且基部较淡。雄鸟虹膜暗色。喉部白色，具黑色中央纹。头部小，颈长，头顶暗褐色，头侧具较厚密的、短而硬的鳞片状羽毛，头后枕部常具短的、不明显的黑色羽冠。体色多变，翼指 6 枚，翼后缘深色带明显，尾羽深色带较宽与浅色区域对比明显。脚灰黄色且覆羽。雌鸟较雄鸟大，虹膜金黄色，翼后缘深色带不甚明显，尾羽深色带较窄与浅色区域对比不甚明显。

旅鸟。4、5 月和 9、10 月可见到自岛上空飞过的个体。为国家二级保护动物。

凤头蜂鹰 / 孙虎山

凤头蜂鹰 / 孙虎山

| 乌雕 | *Clanga clanga* | Greater Spotted Eagle | 鹰科 Accipitridae |

乌雕，体长 70 cm，大型猛禽。雌雄相似，通体深褐色。嘴灰色，基部和蜡膜黄色，鼻孔圆形。虹膜褐色。雄鸟头部及整个上体黑褐色，背部微缀紫色光泽，飞羽黑紫褐色，下体稍淡。尾短圆，尾上覆羽具白色"U"形斑，飞行时从上方可见。脚黄色且被羽。浅色型胸腹部皮黄色。雌鸟稍大，上体紫色，光泽不显。

旅鸟。4、5 月和 9、10 月见于岛上低矮草地和闲置农田。为国家一级保护动物。

乌雕 / 朱星辉

乌雕 / 朱星辉

赤腹鹰 | *Accipiter soloensis* | Chinese Sparrowhawk | 鹰科 Accipitridae

赤腹鹰，体长 33 cm。雄鸟嘴灰色，端部黑色，蜡膜橘黄色。虹膜褐色。喉乳白色。头至背蓝灰色，后颈和肩羽白色。翼尖，通常具 4 枚翼指，初级飞羽黑褐色，次级飞羽暗灰色，内侧飞羽具白斑，翅下白色，仅初级飞羽外缘黑色，飞行时对比明显。胸、两胁、腹部橙红色，下胸具不明显的横斑，下腹黄白色。中央尾羽灰黑无横斑，外侧尾羽具不明显黑色横斑。脚黄色。雌鸟虹膜黄色，腹部具不明显的横斑。

夏候鸟。4~8 月见于岛南部林地。为国家二级保护动物。

赤腹鹰 / 孙虎山

赤腹鹰 / 孙虎山

| 日本松雀鹰 | *Accipiter gularis* | Japanese Sparrowhawk | 鹰科
Accipitridae |

日本松雀鹰，体长 27 cm，小型猛禽。嘴青灰色而端黑，蜡膜绿黄色。雄鸟虹膜红色，头部灰色，喉部乳白色，具黑灰色细窄中央纹。上体深灰色。胸、腹部浅棕色，具非常细的绯红色横纹。尾灰色并具几条深色带。脚绿黄色。雌鸟个体较大，虹膜黄色，头和上体褐色，胸腹部绯红色横纹较雄鸟明显。幼鸟多棕色，胸部具纵纹而非横纹。

旅鸟。9、10 月偶见于岛上林地。为国家二级保护动物。

日本松雀鹰 / 周志浩

日本松雀鹰 / 周志浩

日本松雀鹰 / 孙虎山

松雀鹰　　*Accipiter virgatus*　　Besra　　鹰科 Accipitridae

　　松雀鹰，体长 33 cm。雌雄相似。嘴铅蓝色，端部黑色，蜡膜黄绿色或灰色。虹膜黄色，眼先白色。头顶至后颈石板黑色，头顶缀棕褐色，颏和喉部白色且具显著黑褐色中央纹，头侧、颈侧和其余上体暗灰褐色。初级飞羽黑褐色，次级飞羽青灰色，内翈具深褐色横斑。胸和两胁白色沾棕，具宽而粗著的灰栗色横斑。腹白色，具灰褐色横斑。尾羽灰褐色，具 3 道黑褐色横斑，尾下覆羽纯白色。覆腿羽白色，具灰褐色横斑，脚黄色。雌鸟和幼鸟两胁棕色少，下体多具红褐色横纹。

　　旅鸟。4、5 月和 9、10 月见于岛上林地和低矮草地。为国家二级保护动物。

松雀鹰 / 孙虎山

松雀鹰 / 孙虎山

雀鹰	*Accipiter nisus*	Eurasian Sparrowhawk	鹰科 Accipitridae

雀鹰，雄鸟体长 32 cm，雌鸟 38 cm，翼和尾相对较长。嘴深灰色，端黑，蜡膜绿黄色。雄鸟虹膜橙红色。眼先灰色，具黑色刚毛。额、头顶和后颈青灰色，面颊具红棕色颊斑，额和喉部具有褐色细羽干纹。上体背至尾上覆羽暗灰色。下体白色，胸、腹和两胁具栗色细横斑。尾上覆羽羽端有时缀有白色，尾羽灰褐色，具灰白色端斑和较宽的黑褐色次端斑及 4~5 道黑褐色横斑。脚黄色。雌性虹膜黄色，具明显的白色眉纹，上体偏褐色，脸颊棕色较淡，胸腹部色浅，具褐色横纹。幼鸟整体黄褐色，腹部具褐色点状斑纹。

旅鸟。3、4 月和 9~11 月常见于岛上林地和低矮草地。为国家二级保护动物。

雀鹰 / 孙虎山

苍鹰 | *Accipiter gentilis* | Northern Goshawk | 鹰科 Accipitridae

　　苍鹰，体长 56 cm。雌雄相似，体形壮实。嘴黑色，基部蓝灰色，蜡膜黄绿色。成鸟虹膜橙红色。头部苍灰色，具显著的白色眉纹，耳羽黑色，前额、头顶、枕部和头侧暗灰色，枕部带有白羽尖。颏、喉和前颈白色，具黑褐色细纵纹。上背至尾部均青灰色。飞羽有暗褐色的横斑，翅下白色且密布明显的黑褐色横带。胸、腹、两胁和覆腿羽布满较细的灰褐色和白色相间的横纹。尾为方形，具 4 条宽阔的黑色横斑。脚黄色。幼鸟虹膜黄色，上体褐色较重，羽缘色浅呈鳞状纹，下体皮黄色，具偏黑色粗纵纹。

　　旅鸟。9、10 月偶见于岛上林地。为国家二级保护动物。

苍鹰／成鸟／孙虎山

苍鹰／成鸟／孙虎山

苍鹰／亚成鸟／孙虎山

白腹鹞	*Circus spilonotus*	Eastern Marsh Harrier	鹰科 Accipitridae

白腹鹞，体长50 cm。嘴灰黑色，蜡膜黄色。虹膜雄鸟黄色，雌鸟和幼鸟浅褐色。体色多变，一般分为大陆型和日本型两个色型。日本型雄鸟整体棕褐色，尾上覆羽为不明显的白色，飞羽浅褐色，具横斑，胸部和腹部棕色，具不甚明显的黄褐色纵纹，中央尾羽灰色无斑纹，脚黄色。日本型雌鸟整体偏棕色，斑纹少，初级飞羽基部浅色形成翼窗。幼鸟似雌鸟，但头和尾皆浅色，具明显的白色胸环。

旅鸟。8~10月见于岛上低矮草地和沼泽地。为国家二级保护动物。

白腹鹞 / 周志浩

白腹鹞 / 周志浩

白尾鹞 | *Circus cyaneus* | Hen Harrier | 鹰科 Accipitridae

　　白尾鹞，体长 50 cm。嘴铅灰色。虹膜黄色或浅褐色。雄鸟整体蓝灰色，头和胸暗灰色，腰和尾上覆羽白色，腹、两胁和翼下覆羽白色。翅尖黑色，次级飞羽内翈白色，羽端沾黑褐色，三级飞羽灰褐色，大、中覆羽银灰色。飞翔时，从上面看，蓝灰色的上体、白色的腰和黑色翅尖形成明显对比，常贴地面低空飞行，滑翔时两翅上举成"V"形。中央一对尾羽银灰色，外侧尾羽的银灰色由中央向两侧逐渐减少而呈现出污白色，尾羽具 5~6 道灰褐色波形横斑。脚黄色。雌鸟整体棕褐色，头至颈和翼覆羽具棕色羽缘，耳后至颏有一圈卷曲淡色领环。腰和尾上覆羽白色，下体黄褐色，具显著棕褐色纵纹，尾羽灰褐色。幼鸟虹膜暗褐色，下体色淡而纵纹较重。

　　留鸟。四季常见于岛上草地、芦苇荡和沼泽地。为国家二级保护动物。

白尾鹞 / 雌鸟 / 周志浩

白尾鹞 / 雄鸟 / 孙虎山

白尾鹞 / 雌鸟 / 周志浩

| 鹊鹞 | *Circus melanoleucos* | Pied Harrier | 鹰科
Accipitridae |

鹊鹞，体长 42 cm。嘴铅灰色。虹膜黄色。雄鸟体羽主要有黑、白两色，头、喉和胸部黑色无纵纹，背部可见三叉戟状斑纹，腹、尾及其覆羽白色。雌鸟上体褐色沾灰并具纵纹，腰白色，尾具横斑，下体皮黄色并具棕色纵纹，胸部纵纹明显而腹部少纵纹。脚黄色。幼鸟虹膜暗褐色，羽色深，以棕褐色为主，枕部白色，尾上覆羽白色较明显。

旅鸟。4~6 月和 9~11 月常见于岛上林地、草地、芦苇荡、荒滩和农田。为国家二级保护动物。

鹊鹞 / 雌鸟 / 李福友

鹊鹞 / 雄鸟 / 周志浩

鹊鹞 / 雌鸟 / 周志浩

149

| 黑鸢 | *Milvus migrans* | Black Kite | 鹰科
Accipitridae |

黑鸢,体长60 cm。雌雄相似,浅叉形尾为识别特征。嘴黑色,较粗大,下嘴基部淡黄沾绿,蜡膜黄色。虹膜暗褐色。前额基部和眼先灰白色,头顶至后颈棕褐色,具黑褐色羽干纹。上体黑褐色,微具紫色光泽和不甚明显的暗色细横纹和淡色端缘。下体棕色,除腹部外都具有明显的纵纹。翅尖长,初级飞羽外侧飞羽内翈白色形成的翅下斑块飞行时极为明显。尾棕褐色且细长,呈浅叉状,尾上有8~10条深褐色横斑,尾端具淡棕白色羽缘。脚灰色。幼鸟腹部密布白色斑纹,翼上覆羽和翼下覆羽白斑较成鸟明显。

留鸟。常见于岛上林地、荒滩、草地和农田。为国家二级保护动物。

黑鸢 / 孙虎山

黑鸢 / 孙虎山

黑鸢 / 孙虎山

大鵟　*Buteo hemilasius*　Upland Buzzard　鹰科 Accipitridae

大鵟，体长70 cm，大型猛禽。雌雄相似。嘴黑褐色，蜡膜黄绿色。虹膜暗褐色。羽色多变，分为淡色型、中间型、暗色型。淡色型头顶和后颈白色，具褐色羽干纹，头侧白色，眼先淡黑，有棕褐色髭纹。上体淡褐色，具有淡棕色羽缘。翼宽大，具明显白色翼窗。下体多棕白色，上腹和两肋有块斑。尾羽灰褐色，有7~8条暗色横斑。脚黄色被长羽。中间型体羽以暗棕色为主。暗色型全身为暗褐色。幼鸟虹膜黄色，上体具浅色羽缘，腹部具较明显纵纹。

冬候鸟。10月至次年4月见于岛南部林地及东南部比较开阔的荒滩、草地和农田。为国家二级保护动物。

大鵟 / 亚成鸟 / 周志浩

大鵟 / 成鸟 / 周志浩

普通鵟	*Buteo japonicus*	Eastern Buzzard	鹰科 Accipitridae

普通鵟，体长55 cm。雌雄相似。嘴灰色，端黑，蜡膜黄色。虹膜黄色至褐色。体色变化较大，分为棕色型、浅色型、深色型三种。整体黄褐色，头部色浅，下体污白色或皮黄色，胸部少斑纹，腹部多棕褐色斑纹，两胁和腿部深色。尾羽褐色深无横斑，散开呈扇形，翱翔时两翅微向上举成浅"V"形。脚黄色。幼鸟上体具浅色羽缘，胸腹部具较明显褐色纵纹。

冬候鸟。10月至次年4月见于岛南部林地及东南部比较开阔的荒滩、草地和农田。为国家二级保护动物。

普通鵟 / 孙虎山

普通鵟 / 孙虎山

鸮形目 STRIGIFORMES
鸱鸮科 Strigidae

红角鸮	*Otus sunia*	Oriental	鸱鸮科 Strigidae

红角鸮，体长 20 cm，小型鸮类。雌雄相似，有灰褐色型和棕栗色型两种色型。嘴近黑色。虹膜黄色。面盘灰褐色，边缘有黑褐色纹。耳状羽簇突出，眉至耳羽淡褐色，领圈淡棕色。上体灰褐色或红棕色，有黑褐色虫蠹状细纹，头顶至背和翅覆羽杂以棕白色斑，肩部有 3 个白斑，后颈有一道不明显淡色横带。飞羽大部分黑褐色，翅外侧覆羽、初级飞羽内翈有白斑。下体大部分红褐至灰褐色，有黑褐色羽干纹和暗褐色纤细横斑。尾羽灰褐色，尾下覆羽白色。脚褐灰色，具短覆羽。

夏候鸟。4~10 月见于岛南部林地。为国家二级保护动物。

红角鸮 / 周志浩

红角鸮 / 周志浩

纵纹腹小鸮 | *Athene noctua* | Little owl | 鸮鸮科 Strigidae

纵纹腹小鸮，体长 23 cm，小型鸮类。雌雄相似。嘴黄绿色。虹膜亮黄色，具黑色眼圈，眼能长凝不动。眉纹白色，较明显。面盘污白色，缀褐色细条纹，面盘下须羽形成白色宽髭纹。头顶平，浅褐色有白斑，无耳羽簇。喉部具一白色领环。上体羽沙褐色，具白色圆形斑点，肩上有两条白色或皮黄色横斑。下体白色，具褐色纵纹及杂斑。尾羽褐色且有数道浅黄色窄横斑。脚被白色羽。

留鸟。偶见于岛中部比较开阔的荒滩和低矮草地。为国家二级保护动物。

纵纹腹小鸮 / 孙虎山

纵纹腹小鸮 / 周志浩

| 长耳鸮 | *Asio otus* | Long-eared Owl | 鸱鸮科
Strigidae |

长耳鸮，体长 36 cm。雌雄相似。嘴铅灰色，尖端黑色。虹膜橙黄色，眼内侧和上下缘具黑斑。面盘显著，中部白色杂有黑褐色，呈"X"形，两侧棕黄色，边缘黑色。耳羽长，中间黑褐色，两侧棕黄色，内翈边缘有一棕白色斑。上体棕黄色，具粗黑褐色羽干纹。肩羽在羽基处沾棕色，上背棕色较淡，往后逐渐变浓，羽端黑褐色斑纹亦多而明显。下体皮黄色，具褐色纵纹或斑块。上腹和两胁羽干纹较细，并从羽干纹分出细枝，形成树枝状的横斑，羽端白斑更显著。尾羽基部棕黄色，端部灰褐色，具 7 道黑褐色横斑。尾上覆羽棕黄色，具黑褐色细斑，尾下覆羽棕白色。脚棕黄偏粉色且被羽。

留鸟。常见于岛西北部的果园和岛南部的林地。为国家二级保护动物。

长耳鸮／孟向东

长耳鸮／孟向东

长耳鸮／周志浩

| 短耳鸮 | *Asio flammeus* | Short-eared Owl | 鸱鸮科 Strigidae |

　　短耳鸮，体长 38 cm。雌雄相似。嘴黑色。虹膜黄色，眼周具较大的黑色眼圈。面盘显著，黄褐色杂深褐色细放射状纹，外缘白色杂细黑斑，眼先及内侧眉斑白色，呈"X"形。耳簇羽短而不明显。颏、喉白色，喉部杂褐色斑。头顶至整个上体黄褐色，满缀黑褐色斑纹。翼长，飞羽具黑褐色横带，翼尖黑色。胸、腹部棕黄色，具深褐色纵纹。尾棕黄色，具数道黑褐色横纹和棕白色端斑。脚偏白色，被羽。

　　旅鸟。3、4月和10、11月见于岛西北部的果园及岛南部的林地和荒滩。为国家二级保护动物。

短耳鸮 / 周志浩

犀鸟目 BUCEROTIFORMES
戴胜科 Upupidae

| 戴胜 | *Upupa epops* | Common Hoopoe | 戴胜科 Upupidae |

戴胜，体长30 cm。雌雄相似。嘴黑色，细长而下弯。虹膜褐色。冠羽粉棕色、尖端黑色，收拢时为丝状，展开时为扇形。头、颈、上背及下体粉棕色，腰白色，腹及两胁由淡棕转为白色，并杂有褐色纵纹，至尾下覆羽全为白色。翼宽圆，具黑白相间的带斑。初级飞羽近端处具一道白横斑，次级飞羽具四道白横斑，飞行时醒目。尾较长，黑色，中间具白色横带。脚短而强，黑色。

留鸟。四季常见于岛上林缘、农田和低矮草地。

戴胜 / 孙虎山

戴胜 / 李福友

佛法僧目 CORACIIFORMES
佛法僧科 Coraciidae

| 三宝鸟 | *Eurystomus orientalis* | Dollarbird | 佛法僧科 Coraciidae |

三宝鸟，体长 30 cm。雌雄相似。嘴宽大略下弯，朱红色，上嘴先端黑色。虹膜暗褐色。额黑色，喉亮蓝色。头大而宽阔，头顶扁平，头至颈黑褐色，后颈、上背、肩、下背和腰暗铜绿色。飞羽深蓝色，具白色翼斑，飞行时显著。胸黑色沾蓝色，具钴蓝色羽干纹，其余下体蓝绿色。腋羽和翅下覆羽淡蓝绿色。尾黑色，缀有蓝色，基部与背相同，有时微沾暗蓝紫色。脚朱红色。幼鸟羽色暗淡，嘴黑色。

夏候鸟。5~8 月见于岛内主道旁林地。

三宝鸟 / 孙虎山

三宝鸟 / 孙虎山

翠鸟科 Alcedinidae

普通翠鸟	*Alcedo atthis*	Common Kingfisher	翠鸟科 Alcedinidae

普通翠鸟，体长 15 cm，小型翠鸟。雌雄相似，体色艳丽而具光辉。嘴黑色，基部红色，长大而尖，长圆锥形。虹膜褐色，有橘黄色条带横贯眼部及耳羽，眼下和耳后颈侧白色。头大颈短，头顶布满暗蓝绿色和艳翠蓝色细斑，颏、喉部白色。上体金属浅蓝绿色，背部灰翠蓝色，肩和翅暗绿蓝色，翅上杂有翠蓝色斑。翼短圆，飞羽黑褐色带暗绿蓝色。下体胸部以下呈鲜明的栗棕色。尾圆而短小，深蓝色。脚短弱，红色。幼鸟色暗淡，具深色胸带，下体偏褐色。

留鸟。四季常见于岛南部水库及其周边的沼泽地。

普通翠鸟 / 孙虎山　　　　　　　　　　　　　　　　普通翠鸟 / 王宜艳

普通翠鸟 / 孙虎山

啄木鸟目 PICIFORMES
啄木鸟科 Picidae

| 蚁䴕 | *Jynx torquilla* | Eurasian Wryneck | 啄木鸟科 Picidae |

　　蚁䴕，体长17 cm，小型啄木鸟。雌雄相似。嘴角质色，相对较短并呈圆锥形。虹膜淡褐色。通体灰褐色，斑驳杂乱，深色贯眼纹清晰，两翼和尾羽杂黑色及白色蠹斑，喉部具明显横纹。腹部较淡，具黑色稀疏横斑，尾部较长并具不明显横斑。脚黄褐色。

　　旅鸟。4、5月和9、10月见于岛南部林地及周边的低矮草地。

蚁䴕 / 孟向东

棕腹啄木鸟　　*Dendrocopos hyperythrus*　　Rufous-bellied Woodpecker　　啄木鸟科 Picidae

棕腹啄木鸟，体长 20 cm，色彩浓艳的中等体型啄木鸟。嘴灰黑色而基部色浅，长凿形。虹膜深褐色。雄鸟额、眼先、眼周、颊污白色，头顶、枕部红色，头颈其余部位棕黄色。背部、两翼黑色，具白色横纹。下体棕黄色，臀部的尾下覆羽红色。尾黑色而最外侧尾羽白色，具黑色横纹，羽轴粗硬，羽毛末端羽枝坚挺。脚铅灰色，稍短而强壮，利于沿树干攀援。雌鸟头顶和枕部黑色，具白色斑块。幼鸟腹部具黑色横纹。

旅鸟。4、5 月和 8、9 月偶见于岛南部林地。

棕腹啄木鸟 / 王宜艳

灰头绿啄木鸟　　　*Picus canus*　　　Grey-headed Woodpecker　　　啄木鸟科 Picidae

灰头绿啄木鸟，体长 27 cm。嘴铅灰色，下嘴基部黄绿色，嘴峰稍弯曲。虹膜黄色。眉纹灰白色，眼先和颊纹黑色。头、耳羽、颈侧灰色，雄性头顶顶冠红色，雌性无红色斑。头顶、枕和后颈有黑色长条状斑。上体绿色，背和翅上覆羽橄榄绿色，腰及尾上覆羽绿黄色。飞羽黑色，具白色横斑。下体灰色。尾黑色，中央尾羽橄榄绿色，外侧尾羽黑褐色，具暗色横斑，尾下覆羽带黑褐色斑纹。脚铅灰色。

留鸟。偶见于岛南部林地。

灰头绿啄木鸟 / 雌鸟 / 孙虎山

灰头绿啄木鸟 / 雄鸟 / 孙虎山

隼形目 FALCONIFORMES
隼科 Falconidae

| 红隼 | *Falco tinnunculus* | Common Kestrel | 隼科
Falconidae |

红隼，体长 33 cm，小型猛禽。嘴蓝灰色，先端黑色，蜡膜黄色。虹膜褐色，眼圈黄色。雄鸟头顶、后颈和颈侧蓝灰色，前额、眼先和眉纹棕白色，眼下有一条垂直向下的黑色口角髭纹，颊和耳羽灰色。上体大多砖红色，各羽并带有暗褐箭矢状斑或点斑，腰和尾上覆羽蓝灰色。下体棕黄色，具黑色纵纹。尾细长，尾羽蓝灰色，具显著的黑色次端斑并带有隐约的暗褐色狭横斑，尾下覆羽棕白色。脚黄色。雌性头顶棕红色，有黑细纵纹，上体羽为深棕红色，背部至尾上覆羽转为暗黑褐色并具粗而宽的横斑，尾羽棕红色并具 9~12 条黑色横斑。下体棕黄色，具黑色斑点。幼鸟翼上、背部斑纹更明显。

红隼 / 雌鸟 / 孙虎山

留鸟。四季常见于黄河岛的各处，其中低矮草地周围最常见。为国家二级保护动物。

红隼 / 雄鸟 / 孙虎山

红脚隼 · *Falco amurensis* · Amur Falcon · 隼科 Falconidae

红脚隼,体长30 cm,小型隼类。嘴端黑色,嘴基和蜡膜橙黄色。虹膜暗褐色,眼圈橙黄色。雄鸟头部深灰色。上体大都为石板灰色。飞羽和翼上覆羽深灰色,翼下覆羽亮白色,飞行时对比明显。胸和腹部淡石板灰色,胸部具纤细的黑褐色羽干纹,下腹至臀棕红色。尾上覆羽和尾羽石板灰色,无横斑。脚橘红色。雌鸟头顶灰白色,具黑色细纵纹,颏、喉、颈侧乳白色。上体大致暗灰色,下背、肩具黑褐色横斑。下体淡黄白色或棕白色,胸部具黑褐色纵纹,腹部中部具点状或矢状斑,腹部两侧和两胁具黑色横斑,下腹至臀的棕红色浅于雄鸟。尾羽暗灰色,有横纹,尾上近端斑宽。幼鸟头顶褐色,具白色眉纹,上体羽具浅色羽缘。

夏候鸟。4~10月见于岛中部开阔的低矮草地。为国家二级保护动物。

红脚隼 / 雌鸟 / 孙虎山

红脚隼 / 雄鸟 / 孙虎山

红脚隼 / 亚成鸟 / 孙虎山

燕隼	*Falco subbuteo*	Eurasian Hobby	隼科 Falconidae

燕隼，体长 30 cm，小型隼类。雌雄相似。嘴铅蓝色，端部黑色，蜡膜绿黄色。虹膜暗褐色，眼圈黄色。成鸟额、眼先乳黄色，眉纹白色且细短，颊部具垂直黑色宽髭纹，头顶灰黑色，颈侧及喉白色。上体暗蓝灰色，具黑色细羽轴，无横纹。翅狭长而尖，折合时翅尖几乎到达尾羽端部，翼下白色并密布黑褐色横斑。下体胸和腹部白色，有黑色纵纹，下腹至尾下覆羽和覆腿羽锈红色。尾羽灰色，除中央尾羽外，所有尾羽的内翈均具皮黄色、棕色或黑褐色横斑和淡棕黄色的羽端。脚黄色。幼鸟上体羽具浅色羽缘，尾下覆羽色浅。

夏候鸟。4~10 月见于岛上草地和林地。为国家二级保护动物。

燕隼 / 周志浩

燕隼 / 孙虎山

165

| 游隼 | *Falco peregrinus* | Peregrine Falcon | 隼科
Falconidae |

游隼，体长 45 cm。雌雄相似。嘴灰蓝色，嘴基部和蜡膜黄色。虹膜褐色，眼圈黄色。脸颊部和耳区具宽阔的灰蓝色髭纹，喉和髭纹前后白色。头顶和后颈灰蓝色，具白色半颈环。上体大多为蓝黑色，腰和尾上覆羽色稍浅，羽缘色淡。飞羽灰蓝色，具灰白色端斑，翼下覆羽和腋羽白色且具密集的黑褐色横斑。下体白色，颈侧和上胸具细的灰蓝色细羽干纹，其余下体具灰蓝色横斑，且横斑中部向后呈尖状。尾灰蓝色，具黑褐色横斑。脚黄色，腿覆羽白色且具密集的黑褐色横斑。

留鸟。四季常见于岛上各种生境，其中在岛东南部沼泽地最为常见。为国家二级保护动物。

游隼 / 成鸟 / 孙虎山　　　　　　游隼 / 亚成鸟 / 孙虎山

游隼 / 成鸟 / 孙虎山

雀形目 PASSERIFORMES
黄鹂科 Oriolidae

黑枕黄鹂	*Oriolus chinensis*	Black-naped Oriole	黄鹂科 Oriolidae

黑枕黄鹂，体长 26 cm。雄鸟嘴粉红色，粗厚，嘴峰弧状下弯。虹膜深褐色。宽阔的黑色贯眼纹与头枕部的黑色宽带斑相连，形成一条围绕头枕部的黑带，在金黄色的头部甚为醒目。通体金黄色，下背稍沾绿呈绿黄色，腰和尾上覆羽柠檬黄色，两翅尖长，初级和次级飞羽黑色。尾黑色，除中央尾羽外，其余尾羽均具宽阔的黄色端斑，越向外侧黄色端斑越大。脚黑色，爪细而弯曲。雌鸟体羽偏黄绿色。幼鸟嘴端部黑色，贯眼纹色浅，上体黄绿色而下体黄白色，胸腹部具黑色纵纹。

夏候鸟。5~9 月常见于岛南部林地。

黑枕黄鹂 / 雌鸟 / 孙虎山

黑枕黄鹂 / 雄鸟 / 孙虎山

山椒鸟科 Campephagidae

| 灰山椒鸟 | *Pericrocotus divaricatus* | Ashy Minivet | 山椒鸟科
Campephagidae |

灰山椒鸟，体长 20 cm。嘴黑色。虹膜深褐色。雄鸟贯眼纹黑色，鼻羽、嘴基处额羽黑色，与黑色的眼先相连，前额和头顶前部白色，头顶后部、枕、耳羽亮黑色。上体石板灰色。翼最内侧次级飞羽外翈灰色，具灰白色窄缘，其余飞羽黑褐色。在近羽基处贯以灰白色横斑，连缀成斜带，展翅时从下面看呈"∧"形。翼下覆羽白色杂以黑斑，腋羽黑色而具白色端斑。下体自颏至尾下覆羽，包括颈侧及耳羽前部均为白色，胸侧和两胁略呈灰白色。尾黑色，中央两对尾羽黑褐色，外侧尾羽基部黑色而先端白色。脚黑色。雌鸟额灰白色，眼先黑褐色，头顶、背、肩均为灰色，翅、尾灰褐色。

灰山椒鸟 / 雌鸟 / 孙虎山

　　旅鸟。4、5 月和 9、10 月常见于岛西北部果园周边林地。

灰山椒鸟 / 雄鸟 / 孙虎山

卷尾科 Dicruridae

| 黑卷尾 | *Dicrurus macrocercus* | Black Drongo | 卷尾科 Dicruridae |

黑卷尾，体长 30 cm。雌雄相似。嘴黑色，嘴角有时具不明显污白色斑点，嘴峰稍曲，上嘴先端具钩。虹膜暗红色。全身羽毛灰黑色并具铜绿色光泽。前额、眼先羽绒黑色。颏、喉黑褐色。上体自头部、背部至腰部及尾上覆羽深黑色，缀铜绿色金属闪光。翅黑褐色，飞羽及翅上覆羽具铜绿色金属光泽。下体自颏、喉至尾下覆羽均呈黑褐色，胸部有铜绿色金属光泽。尾羽黑色，中央一对最短，向外侧依次顺序增长，最外侧一对最长，其末端向外上方卷曲，尾羽末端呈深叉状。脚黑色。幼鸟下体具白色横纹。

夏候鸟。5~8 月常见于岛南部林地及其周边沼泽地。

黑卷尾 / 孙虎山

黑卷尾 / 孙虎山

169

伯劳科 Laniidae

| 虎纹伯劳 | *Lanius tigrinus* | Tiger Shrike | 伯劳科 Laniidae |

虎纹伯劳，体长 16 cm，小型伯劳。嘴粗厚，蓝黑色而端部黑色。虹膜褐色。雄鸟额基、眼先和宽阔的贯眼纹黑色，额、头顶至后颈栗灰色。上体余部包括肩羽及翅上覆羽栗红褐色，杂以密集的黑色鳞状横斑。飞羽暗褐色，外翈具棕褐色羽缘。下体纯白色，两胁略沾蓝灰色。尾羽棕褐色，具不明显的褐色横斑，外侧尾羽端缘棕白色。脚灰黑色。雌鸟前额基部黑色较小，眼先及贯眼黑纹沾褐色，头顶灰色及背羽的栗褐色均不如雄鸟鲜艳，两胁缀以黑褐色鳞状横斑。幼鸟头部棕褐色，多斑纹。

夏候鸟。5~9 月见于岛南部林地。

虎纹伯劳 / 雌鸟 / 孙虎山

虎纹伯劳 / 雄鸟 / 孙虎山

牛头伯劳	*Lanius bucephalus*	Bull-headed Shrike	伯劳科 Laniidae

　　牛头伯劳，体长 19 cm。嘴灰黑色，强健，具钩和齿。虹膜褐色。雄鸟额、头顶及枕部栗红色，眉纹白色，黑色贯眼纹粗著，自眼先、眼周、颊至耳羽，颏、喉和下颊白色。上体栗色，背、腰及尾上覆羽灰褐色。飞羽黑褐色，具棕色羽缘。外侧飞羽基部白色，形成明显的白色翼斑，三级飞羽具皮黄色宽羽缘，翼上覆羽暗褐色，大覆羽具棕色羽缘。下体偏白色，胸、腹以及两胁淡棕色，冬羽具黑褐色鳞纹，腹部中央灰白色。尾羽深灰色。脚铅灰色。雌鸟贯眼纹棕褐色，白色眉纹窄，上体沾褐色，无白色翼斑，下体密布黑褐色鳞纹。

　　旅鸟。4、5 月和 9、10 月见于岛中部低矮草地。

牛头伯劳 / 雄鸟 / 孙虎山

牛头伯劳 / 雌鸟 / 孙虎山

| 红尾伯劳 | *Lanius cristatus* | Brown Shrike | 伯劳科
Laniidae |

红尾伯劳，体长20 cm。嘴铅灰色而基部肉色，偏扁而高，上嘴弯曲，具锐利小钩。虹膜深褐色。雄鸟额、头顶至后颈红棕色，眼先、眼周至耳区黑色，连结成一粗著的黑色贯眼纹，眼上方至耳羽上方白色眉纹明显，颊、颏、喉白色。上体背、肩暗棕色。两翼近黑色，飞羽多具红棕色羽缘。下体多棕白色，两胁棕色，具黑褐色鳞状斑纹。尾深褐色，楔形。脚铅灰色。雌鸟似雄鸟，体色稍浅。幼鸟整体偏红棕色，两胁黑褐色鳞状斑纹较显著。

旅鸟。4、5月和8~10月常见于岛西部低矮草地及周边林地。

红尾伯劳 / 雌鸟 / 孙虎山

红尾伯劳 / 雄鸟 / 王宜艳

棕背伯劳

Lanius schach　　　Long-tailed Shrike　　　伯劳科
Laniidae

棕背伯劳，体长 25 cm，较大的伯劳。雌雄相似。嘴铅灰色，粗壮而侧扁，先端具利钩和齿突。虹膜深褐色。雄鸟头大，前额黑色与宽阔的黑色贯眼纹连成一体，头顶至后颈灰色，颏、喉白色。上体灰色沾棕红色，尾上覆羽棕色。翼短圆，黑色具白色翼斑，内侧飞羽外翈羽缘棕色，大覆羽具有棕色的窄羽缘。下体胸和腹部棕白色，两胁和尾下覆羽棕红色。尾长，圆形或楔形，黑色，外侧尾羽皮黄褐色，外翈具有棕色羽缘和端斑。脚黑色。雌鸟贯眼纹较窄，羽色略浅。幼鸟多褐色斑纹。

留鸟。四季可见于岛上荒滩和林地。

棕背伯劳 / 幼鸟 / 王宜艳

棕背伯劳 / 成鸟 / 孙虎山

楔尾伯劳 *Lanius sphenocercus* Chinese Grey Shrike 伯劳科 Laniidae

楔尾伯劳，体长 31 cm，大型伯劳。雌雄相似。嘴灰黑色。虹膜深褐色。额白色，向后延伸为白色宽眉纹，眼先、眼周和耳羽黑色，形成宽长的贯眼纹，头顶、枕、后颈、背、肩淡灰色。两翼黑色，并具醒目的白色大翼斑。次级飞羽和三级飞羽黑色而具较宽的白色羽端，基部亦白色，形成翼上的第 2 个白色翼斑，翼上覆羽黑色，初级覆羽具白色羽端和羽缘。颏、喉、颊、颈侧直至整个下体白色。尾凸形，三枚中央尾羽黑色，其余尾羽基部黑色，端部白色，越往外白色区域越大，最外侧 3 枚尾羽纯白色，仅羽轴中段为黑色。脚黑色。雌鸟两胁具不明显横斑。幼鸟胸腹部多鳞状斑纹。

楔尾伯劳 / 孙虎山

冬候鸟。9 月至次年 3 月常见于岛南部林地林缘及其周围草地。

楔尾伯劳 / 王宜艳

鸦科 Corvidae

| 灰喜鹊 | *Cyanopica cyanus* | Azure-winged Magpie | 鸦科
Corvidae |

灰喜鹊，体长 35 cm，大型鸣禽。雌雄相似。嘴黑色，短粗强壮。虹膜深褐色。前额到颈项和颊部黑色，闪淡蓝或淡紫蓝色光辉，颏、喉、颈侧白色。上体灰色为主，从淡银灰到淡黄灰色，腰部和尾上覆羽逐渐转淡。两翼淡天蓝色，最外侧两枚初级飞羽淡黑色，其他的初级飞羽外翈变为白色，因而在翅膀折合起来时形成一个长形的、近末端的白斑。胸和腹部的羽色逐渐由淡黄白转为淡灰色。尾长，淡天蓝色，两枚中央尾羽具宽形白色端斑，其余尾羽的末端仅具白色边缘。脚黑色。

留鸟。见于岛西北部的林地。

灰喜鹊 / 孟向东

灰喜鹊 / 孙虎山

| 喜鹊 | *Pica pica* | Common Magpie | 鸦科
Corvidae |

喜鹊，体长 45 cm，大型鸣禽。雌雄相似。嘴黑色，粗壮。虹膜深褐色。头、颈、背和尾上覆羽辉黑色，后头及后颈稍沾紫，背部稍沾蓝绿色，肩羽亮白色，腰灰色和白色相杂。两翼黑色，初级飞羽内翈白斑，外翈及羽端黑色沾蓝绿色金属光泽，次级飞羽黑色，具深蓝色光泽，腋羽和翼下覆羽淡白色。颏、喉和胸黑色，喉部羽有时具白色轴纹，上腹和两胁白色，下腹和覆腿羽污黑色。尾长，黑色，具深绿色金属光泽，末端具紫红色和深蓝绿色宽带。脚黑色。

留鸟。四季常见于岛上各处，是黄河岛上最为常见的鸟类。

喜鹊 / 王宜艳

小嘴乌鸦 | *Corvus corone* | Carrion Crow | 鸦科 Corvidae

小嘴乌鸦，体长 50 cm，大型鸣禽。雌雄相似。嘴黑色，较粗壮，但较大嘴乌鸦稍短而细弱，嘴长及头长，嘴基背黑色羽。虹膜深褐色。额弓较低。全身羽毛黑色，除头顶、枕、后颈和颈侧光泽较弱外，其他体羽灰黑色，具紫蓝色金属光泽，喉、胸部羽呈矛尖状，下体羽毛光泽较暗淡。尾长，楔形，黑褐色，带有蓝绿色金属光泽。脚深黑色。

旅鸟。4、5 月和 9、10 月常见于岛中部沼泽地、低矮草地和农田。

小嘴乌鸦 / 李福友

山雀科 Paridae

| 煤山雀 | *Periparus ater* | Coal Tit | 山雀科
Paridae |

    煤山雀，体长 11 cm。雌雄相似。嘴短钝而略呈锥状，黑色而边缘灰色。虹膜深褐色。额、头顶、枕、后颈、颏、喉黑色，头顶具尖而长度适中的黑色羽冠，枕和后颈中央具白色冠纹。脸颊、耳羽和颈侧白色，构成头部两侧非常醒目的大块白斑。上体灰色。翼短圆，深灰色，具两道白色翼斑。颏、喉和上胸黑色，其余下体黄褐色。尾羽深灰色。脚铅灰色。

    旅鸟。4、5月和9~11月见于岛南部林地和岛中部低矮草地。

煤山雀／孙虎山

黄腹山雀 *Pardaliparus venustulus* Yellow-bellied Tit 山雀科 Paridae

黄腹山雀，体长 10 cm，小型山雀。嘴短，铅灰色。虹膜深褐色。雄鸟夏羽从额、眼先、头顶、枕、后颈一直到上背为黑色，具蓝色金属光泽，后颈中央具一纵条白色斑纹。脸颊、耳羽和颈侧白色，在头侧形成大块白斑。下背、腰、肩亮蓝灰色。翼上覆羽黑褐色，中覆羽、大覆羽和三级飞羽具白色端斑，在翅上形成明显的白色点斑，飞羽暗褐色而外翈羽缘多灰绿色。颏、喉和上胸黑色，微具蓝色金属光泽，下胸和腹部鲜黄色。尾短，尾羽和尾上覆羽黑色，尾下覆羽黄色，外侧尾羽外翈中部白色。脚铅灰色。冬羽喉部出现黄色斑驳。雌鸟黑色部分多由橄榄绿色替代，头部灰色较重，喉白色，具灰色下颊纹，腹部黄色较淡。

旅鸟。4、5 月和 9、10 月常见于岛南部林地。

黄腹山雀 / 雌鸟 / 孙虎山

黄腹山雀 / 雄鸟 / 孙虎山

沼泽山雀 | *Poecile palustris* | Marsh Tit | 山雀科 Paridae

沼泽山雀，体长 12 cm。雌雄相似。嘴短，黑色。虹膜深褐色。前额、头顶、后颈以及上背前部均呈带有金属光泽的黑色，自嘴基经颊、耳羽以至颈侧均为白色，颏和上喉黑色，下喉羽具白色先端。背和肩灰褐色，腰和尾上覆羽较背淡而微沾黄色。飞羽灰褐色，羽干黑褐色，外侧飞羽具灰褐色或灰白色狭缘。胸、腹至尾下覆羽苍白色，两胁沾灰棕色。尾羽灰褐色，除中央一对尾羽外其余尾羽均具灰白色的外缘。脚铅黑色。

留鸟。常见于岛南部林地。

沼泽山雀 / 孙虎山

沼泽山雀 / 孙虎山

大山雀	*Parus cinereus*	Cinereous Tit	山雀科 Paridae

　　大山雀，体长 14 cm。嘴黑色。虹膜深褐色。雄鸟额、眼先、头顶、枕和后颈上部黑色，具金属光泽，眼以下整个脸颊、耳羽和颈侧白色形成一近似三角形的白斑。颏、喉和前胸黑色。颈侧具一黑带，连结黑色的前胸和后颈。上背黄绿色，其余上体灰色。大覆羽深灰色而端部白色，形成一道显著的白色翼斑。飞羽深灰色，多具灰白色羽缘。下体白色，中部有一宽阔的黑色纵带，前端与前胸黑色相连，往后延伸至尾下覆羽。尾羽中央一对蓝灰色，最外侧一对白色，次一对外侧末端具白色楔形斑。脚灰黑色。雌鸟体色稍暗淡，腹部中央黑色纵纹较细。幼鸟黑色部分色浅沾褐色，腹部无黑色纵纹或不明显。

　　留鸟。常见于岛上各处林地。

大山雀 / 孙虎山

大山雀 / 孙虎山

大山雀 / 幼鸟 / 孙虎山

攀雀科 Remizidae

| 中华攀雀 | *Remiz consobrinus* | Chinese Penduline Tit | 攀雀科 Remizidae |

中华攀雀，体长 11 cm。嘴较薄，尖锥形，铅灰色。虹膜深褐色。雄鸟夏羽额、眼先、眼周及耳羽下部黑色，形成宽阔的贯眼纹，头顶灰白色，具褐色羽干纹，白色眉纹及髭纹不明显，颏、喉部白色。后颈和颈侧棕灰色，形成半圆形颈领圈。上背棕褐色，下背、腰、尾上覆羽淡棕褐色。飞羽暗褐色，羽缘淡棕白色。下体胸部、腹部、尾下覆羽白色沾棕色。尾羽暗褐色，凹形，内外均具白色羽缘。脚蓝灰色。冬羽头顶具褐色杂斑，贯眼纹黑色变浅。雌鸟贯眼纹栗褐色，整体羽色较淡且偏皮黄色。幼鸟贯眼纹部明显，体羽多皮黄色。

夏候鸟。3~7 月常见于岛南部林地和芦苇荡。

中华攀雀 / 雄鸟 / 李福友

中华攀雀 / 雌鸟 / 李福友

百灵科 Alaudidae

短趾百灵	*Alaudala cheleensis*	Asian Short-toed Lark	百灵科 Alaudidae

短趾百灵，体长 13 cm，小型百灵。雌雄相似。嘴较粗短，角质灰色，下嘴基部淡黄色，鼻孔有悬羽覆盖。虹膜深褐色。眼先、眉纹、眼周棕白色，颊部耳羽棕栗色，头顶和后颈棕褐色，具细密黑纹，无冠羽。上体沙棕褐色，具多而密且显著的黑褐色纵纹。翼较尖长，双翅折合时，三级飞羽与翅端超过或等于跗蹠长度，翼上覆羽淡棕褐色，飞羽暗褐色。下体白色，胸部有散布较开的纵纹，两胁具棕褐色纵纹。尾羽多黑褐色，最外侧一对尾羽白色，外侧第二对尾羽外缘白色。脚肉棕色。

留鸟。见于岛上杂草稀疏的荒滩和闲置农田，5、6 月最为常见。

短趾百灵 / 孙虎山

短趾百灵 / 孙虎山

| 云雀 | *Alauda arvensis* | Eurasian Skylark | 百灵科
Alaudidae |

云雀，体长 18 cm，大型百灵。雌雄相似。嘴细小，黄褐色。虹膜深褐色。头顶具有延长羽形成的羽冠和较粗的黑褐色冠纹，受惊时羽冠耸起较明显，眼先和眉纹白色或棕白色，颊和耳羽淡棕色，杂以黑色细纹。上体沙棕色，有的沾灰褐色，羽干纹黑褐色，头、枕、后颈及尾上覆羽黑褐色且羽干纹较细，背部黑褐色而羽干纹较粗。翼上覆羽黑褐色，具棕色羽缘和先端。飞羽黑褐色，具棕色羽缘。下体白色，胸棕白色，密缀较粗的黑褐色羽干纹，两胁黄褐色，有的亦具棕褐色纵纹。尾具浅叉，最外侧一对尾羽近白色，其余尾羽黑褐色，具白色羽缘。脚肉褐色。

云雀 / 孙虎山

冬候鸟。9 月至次年 4 月常见于岛上杂草稀疏的荒滩。为国家二级保护动物。

云雀 / 周志浩

小云雀

Alauda gulgula | Oriental Skylark | 百灵科 Alaudidae

　　小云雀，体长 15 cm。雌雄相似。嘴细短，黄褐色。虹膜褐色。头顶黄褐色，有 3 条黑褐色纵纹，具小而上耸的羽冠，眼先和眉纹棕白色，耳羽淡棕栗色。上体棕褐色，满布浓密黑褐色羽干纵纹，后颈黑褐色纵纹较细，背部黑褐色纵纹较粗。翼上覆羽和飞羽以褐色为主，具浅褐色羽缘，次级飞羽具皮黄色端斑。下体白色，微沾棕黄色，胸棕色较深，有黑褐色细羽干纵纹延伸到两胁。尾短，浅叉型，最外侧一对尾羽近白色，其余尾羽灰褐色，具棕白色羽缘。脚肉褐色。

　　留鸟。见于岛上杂草稀疏且面积较大的荒滩。

小云雀/孙虎山

扇尾莺科 Cisticolidae

| 棕扇尾莺 | *Cisticola juncidis* | Zitting Cisticola | 扇尾莺科 Cisticolidae |

棕扇尾莺,体长10 cm,小型鸣禽。雌雄相似。上嘴红褐色,下嘴粉红色。虹膜红褐色。额、头顶栗棕色,具黑褐色羽干纹。眉纹、眼先棕白色,颊和耳羽淡棕色,头侧、后颈淡栗色。上体栗棕色,具粗著的黑褐色羽干纹。下背、腰和尾上覆羽黑褐色,羽干纹细弱而不明显。两翼深褐色,羽缘栗棕色。整个下体白色,两胁沾棕黄色。尾凸形,中央尾羽最长,暗褐色,具黑色次端斑和灰色端斑,其他尾羽暗褐色,具黑色次端斑和白色端斑。脚肉红色。

夏候鸟。5~9月常见于岛上各处芦苇荡、草地和农田。

棕扇尾莺 / 孙虎山

棕扇尾莺 / 孙虎山

苇莺科 Acrocephalidae

| 东方大苇莺 | *Acrocephalus orientalis* | Oriental Reed Warbler | 苇莺科 Acrocephalidae |

东方大苇莺，体长 19 cm。雌雄相似。上嘴黑褐色，下嘴肉红色，嘴须发达。虹膜褐色。夏羽额、头顶橄榄褐色，皮黄色眉纹短而显著，贯眼线和眼先深褐色，耳羽淡棕色，颏、喉白色。上体肩、背部橄榄褐色，腰及尾上覆羽棕色。翼覆羽及飞羽深褐色，具棕色羽缘。下体上胸部白色，具细的棕褐色羽干纹，向后变皮黄色，两胁皮黄沾棕色。尾短圆，褐色并具污白色羽端。脚铅蓝色。冬羽下喉及上胸部羽毛的棕褐色羽干细纹明显。幼鸟上体偏棕色而下体褐色较显著。

夏候鸟。5~9 月常见于岛南部水库和池塘周边的芦苇地。

东方大苇莺 / 孙虎山

东方大苇莺 / 孙虎山

黑眉苇莺　*Acrocephalus bistrigiceps*　Black-browed Reed Warbler　苇莺科 Acrocephalidae

　　黑眉苇莺,体长13 cm。雌雄相似。嘴黑褐色，下嘴色浅。虹膜深褐色。头顶、后颈棕褐色，黄白色眉纹宽阔，上缘黑褐色，形成显著的黑、黄白双眉纹，眼先至眼后有一淡褐色细贯眼纹，颊部和耳羽褐色，颏、喉白色。上体棕褐色。翼上覆羽和飞羽黑褐色，飞羽外缘淡棕色。下体白色沾棕色，胸部和两肋缀深棕褐色，尾下覆羽淡棕色。尾短圆，暗褐色，羽缘带绣赤褐色，端部淡色。脚深褐色。

　　旅鸟。4、5月见于岛南部水库周边的芦苇荡。

黑眉尾莺 / 孙虎山

黑眉尾莺 / 孙虎山

| 厚嘴苇莺 | *Arundinax aedon* | Thick-billed Warbler | 苇莺科
Acrocephalidae |

厚嘴苇莺，体长 20 cm，大型苇莺。雌雄相似。嘴粗短，上嘴深灰色，下嘴淡黄色，嘴须发达并具副须。虹膜深褐色。额和头顶橄榄褐色，额羽松散，羽干伸延，眼先和眼周皮黄色，几乎无眉纹，颊部和耳羽淡橄榄褐色，颏和喉部白色。上体背和肩部橄榄褐色，腰和尾上覆羽转为鲜亮棕褐色。翼覆羽和飞羽黑褐色，翼上覆羽羽缘棕褐色，飞羽外侧羽缘淡棕色。下体腹部中央白色，并微带棕黄色，胸部和两胁、尾下覆羽均淡棕色。尾羽黑褐色，羽缘淡棕色。脚暗铅褐色。

旅鸟。4、5月和9、10月见于岛南部芦苇荡和林缘。

厚嘴苇莺／孙虎山

燕科 Hirundinidae

| 家燕 | *Hirundo rustica* | Barn Swallow | 燕科 Hirundinidae |

家燕，体长 20 cm。雌雄相似。嘴黑褐色，短而宽扁，基部宽大呈三角形，口裂极深。虹膜深褐色。前额深栗色。上体从头顶到尾上覆羽均蓝黑色而富有金属光泽。两翼黑色，具蓝色或金属光泽，狭长而尖，似镰刀。下体颏、喉和上胸栗色，其后有一条不整齐的黑色横带，下胸、腹和尾下覆羽白色。尾长，深叉状，最外侧一对尾羽特形延长，其余尾羽由两侧向中央依次递减。除中央一对尾羽外，所有尾羽内翈均具一大型白斑，飞行尾平展时，白斑相互连成"V"形。脚短弱，黑色。幼鸟尾短，羽色较暗淡。

夏候鸟。3~10 月常见于黄河岛各地，是夏季最常见的鸟类之一。

家燕 / 成鸟 / 孙虎山

家燕 / 幼鸟 / 孙虎山

| 金腰燕 | *Cecropis daurica* | Red-rumped Swallow | 燕科
Hirundinidae |

金腰燕，体长 18 cm。雌雄相似。嘴黑褐色，短而宽扁，基部宽大，呈三角形，口裂深。虹膜深褐色。眼先棕灰色，羽端略黑，耳羽暗棕黄色，具有黑色羽干纹，自眼后上方至颈侧栗黄色。上体从前额、头顶到背均蓝黑色而具金属光泽，后颈杂有栗黄色，形成领环，或微杂棕栗色，腰部有明显的栗黄色腰带。翼狭长而尖，小覆羽和中覆羽蓝黑色，其余外侧覆羽和飞羽黑褐色，内侧羽缘稍淡。下体棕白色，满杂黑色纵纹。尾长，呈深叉状，最外侧一对尾羽最长，往内依次缩短。尾羽黑褐色，除最外侧一对尾羽外，其余尾羽外侧微具蓝黑色金属光泽。脚黑色，短而细弱。

金腰燕 / 孙虎山

夏候鸟。3~10 月常见于黄河岛各地，是夏季最常见的鸟类之一。

金腰燕 / 孙虎山

鹎科 Pycnonotidae

| 白头鹎 | *Pycnonotus sinensis* | Light-vented Bulbul | 鹎科 Pycnonotidae |

白头鹎，体长 19 cm。雌雄相似。嘴黑色，粗厚，先端微下弯。虹膜褐色。额至头顶纯黑色并富有光泽，两眼上方至后枕具一白色枕环，耳羽后部有一白斑，白环与白斑在黑色的头部极为醒目，耳羽前部黑褐色，颏、喉白色。上体橄榄灰色，具黄绿色羽缘，使上体形成不明显的暗色纵纹。背和腰大部分为灰绿色。两翼暗褐色，具黄绿色羽缘。胸灰褐色，形成不明显的宽阔胸带。腹部白色或灰白色，带有黄绿色条纹。尾暗褐色，具黄绿色羽缘。脚黑色。幼鸟头部灰褐色而无白色斑。

留鸟。常见于岛上各处林地、草地和芦苇荡。

白头鹎／王宜艳

白头鹎／孙虎山

柳莺科 Phylloscopidae

| 褐柳莺 | *Phylloscopus fuscatus* | Dusky Warbler | 柳莺科 Phylloscopidae |

褐柳莺，体长 11 cm。雌雄相似，单一褐色柳莺。嘴细小，上嘴黑褐色，下嘴橙黄色、尖端暗褐色。虹膜深褐色。眉纹前白后棕，暗褐色的贯眼纹从眼先经眼向后延伸至枕侧，颊和耳覆羽褐色而杂有浅棕色，颏、喉白色带有皮黄色。上体额、头顶、背、肩和腰橄榄褐色。翼短圆，内侧覆羽橄榄褐色，其余覆羽和飞羽暗褐色。下体乳白色，胸、两胁沾黄褐色。尾圆而略凹，暗褐色沾有淡棕色。脚细长，淡褐色。

旅鸟。4、5 月和 9、10 月常见于岛上林地林缘和稀疏草地。

褐柳莺 / 孙虎山

褐柳莺 / 孙虎山

| 巨嘴柳莺 | *Phylloscopus schwarzi* | Radde's Warbler | 柳莺科 Phylloscopidae |

巨嘴柳莺，体长 12.5 cm，大型柳莺。雌雄相似。嘴较粗厚而稍短，上嘴褐色，下嘴黄褐色。虹膜褐色。额、头顶、后颈橄榄褐色，眉纹长延伸到枕后，前黄后白。自眼先有一暗褐色的贯眼纹，伸至耳羽的后上方，颊和耳羽均为棕色与褐色相混杂，颏、喉白色或灰白色。上体背和肩橄榄褐色。翼覆羽和外侧飞羽暗褐色，内侧飞羽橄榄褐色，无翼斑。下体胸、两胁、尾下覆羽呈浓淡不等的棕褐色，腹部污白色。尾羽暗褐色，羽缘微棕褐色。脚黄褐色。

旅鸟。4、5 月见于岛上低矮草地、林缘和芦苇荡。

巨嘴柳莺／孙虎山

黄腰柳莺　　*Phylloscopus proregulus*　　Pallas's Leaf Warbler　　柳莺科 Phylloscopidae

黄腰柳莺，体长 9 cm，小型鸣禽。雌雄相似。嘴黑褐色，下嘴基部黄色。虹膜深褐色。头顶橄榄绿色，具醒目的淡绿黄色中央冠纹。眉纹黄绿色显著，自嘴基一直延伸到头的后部，一条近黑色贯眼纹自眼先沿眉纹下面向后延伸至枕部，颊和耳覆羽绿黄相杂。上体背、肩、尾上覆羽橄榄绿色，腰黄色，形成宽阔而明显的横带。翼外侧覆羽以及飞羽黑褐色，羽缘黄绿色，中覆羽和大覆羽的先端淡黄白色，形成翼上明显的两道翼斑。下体苍白色，两胁沾有黄绿色，尾下覆羽黄白色。尾羽黑褐色，外翈羽缘黄绿色，内翈具狭窄的灰白羽缘。脚淡褐色。

旅鸟。4、5月和9、10月常见于岛上主道旁林地。

黄腰柳莺／孙虎山

黄眉柳莺　　*Phylloscopus inornatus*　　Yellow-browed Warbler　　柳莺科 Phylloscopidae

黄眉柳莺，体长 11 cm。雌雄相似。嘴黑色，下嘴基部淡黄色。虹膜深褐色。头顶橄榄绿色，中央贯以一条若隐若现的黄绿色纵纹。眉纹淡黄色，宽长而明显。贯眼纹暗褐色，自眼先穿过眼直达枕部。上体橄榄绿色。翼上覆羽与飞羽黑褐色，大覆羽和中覆羽尖端淡黄白色，形成两道翼斑。飞羽外翈狭缘黄绿色，羽端多缀以白色。下体白色，胸、两胁稍沾绿黄色。尾羽黑褐色，外缘具橄榄绿色狭缘，内缘白色。脚淡棕褐色。

旅鸟。4、5 月和 9、10 月常见于岛上各处林地。

黄眉柳莺 / 孙虎山

黄眉柳莺 / 孙虎山

极北柳莺 | *Phylloscopus borealis* | Arctic Warbler | 柳莺科 Phylloscopidae

极北柳莺，体长 12 cm，大型柳莺。雌雄相似，头显得大，体较长而尾短。嘴较粗大而上弯，上嘴黑褐色，下嘴黄色，嘴尖黑色。虹膜深褐色。前额、头顶灰绿色，眉纹黄白色长而明显。贯眼纹黑褐色，自鼻孔经眼先和眼延伸至枕部，颊部和耳覆羽淡黄绿色而混杂灰绿色。上体后颈、背和肩均灰绿色，腰部色淡偏绿色，尾上覆羽绿色。飞羽黑褐色，羽缘橄榄绿色。大覆羽先端黄白色，形成一道不明显的翼斑。下体整体偏白色，两胁缀以灰绿色。尾羽黑褐色。脚肉粉色。

旅鸟。5、6 月和 9、10 月常见于岛上主道旁林地林缘。

极北柳莺 / 孙虎山

极北柳莺 / 孙虎山

双斑绿柳莺 *Phylloscopus plumbeitarsus* Two-barred Warbler 柳莺科 Phylloscopidae

双斑绿柳莺，体长 12 cm，大型柳莺。雌雄相似。嘴较细长，上嘴黑褐色，下嘴淡黄褐色。虹膜褐色。额和头顶暗橄榄绿色，无顶纹。眉纹白色，长而显著，向前延伸到鼻孔在前额相连。贯眼纹暗褐色，自鼻孔向后延伸至枕部。颊、耳覆羽褐色，混杂浅黄色。上体深绿色，腰绿色。飞羽和翼上覆羽黑褐色，外翈羽缘黄绿色，大覆羽和中覆羽先端淡黄白色，形成两道明显的黄白色翼斑，有的个体第二道翼斑比较模糊。下体污灰白色，稍沾黄色，两胁缀以橄榄绿色。尾羽黑褐色，外翈羽缘暗绿色。脚深褐色。

旅鸟。4、5 月和 9、10 月偶见于岛上林地林缘。

双斑绿柳莺 / 周志浩

冕柳莺　　*Phylloscopus coronatus*　　Eastern Crowned Warbler　　柳莺科 Phylloscopidae

　　冕柳莺，体长 12 cm，大型柳莺。雌雄相似。嘴较大，上嘴褐色，下嘴全黄色。虹膜深褐色。额、头顶和后头灰绿色，头顶中央有一条长而宽的淡黄色近白色的明显顶冠纹，有时顶冠纹不完整，前端不明显。眉纹长，前端黄色而后端黄白色。贯眼纹近黑色，自鼻孔经眼先和眼睛一直延伸至枕部，耳羽、两颊、喉侧淡灰乳白色。上体后颈、背、肩橄榄绿色，由前向后逐渐变淡，至腰及尾上覆羽变为淡黄绿色。翼暗褐色，具绿色羽缘和一道不显著的翼斑。下体乳白稍沾黄色，胁部沾灰色，尾下覆羽辉黄色或呈淡绿黄色，与腹部的白色形成鲜明对比。脚褐色。

　　旅鸟。4、5 月和 8、9 月偶见于岛上林地林缘。

冕柳莺 / 周志浩

树莺科 Cettiidae

远东树莺 *Horornis canturians* Manchurian Bush Warbler 树莺科 Cettiidae

远东树莺，体长17 cm，大型树莺。雌雄相似，通体棕色。上嘴褐色，下嘴淡黄色。虹膜褐色。额和头顶红褐色偏红色，皮黄色显著的眉纹从嘴基延伸到颈后侧，具一深褐色贯眼纹，颏和喉白色。上体棕褐色。翼短，无翼斑，尾长。下体白色，两胁及尾下覆羽多暗皮黄色。脚粉色或淡褐色。雌鸟比雄鸟小。

夏候鸟。5~8月常见于岛南部林地及其周边沼泽地。

远东树莺 / 孙虎山

远东树莺 / 孙虎山

长尾山雀科 Aegithalidae

银喉长尾山雀 *Aegithalos glaucogularis* Silver-throated Bushtit 长尾山雀科 Aegithalidae

　　银喉长尾山雀，体长 16 cm。雌雄相似。嘴短小，圆锥形，黑色。虹膜深褐色。头顶至后枕两侧黑色，中央冠纹白色，额、眼先、颊和颈侧污灰白色，浅色羽毛常微沾葡萄酒红色。颏、喉污白色，喉部中央有一银灰色块斑，繁殖期斑块为黑色。上体背至尾上覆羽灰蓝色。两翼灰褐以至黑褐色，内侧飞羽的羽缘较淡。下体胸部淡棕色，腹、两胁、尾下覆羽浅葡萄酒红色。尾长超过体长，黑褐色，最外侧 3 对尾羽具白色楔状端斑。脚棕黑色。幼鸟头顶、耳羽及背部褐色，下体色淡，喉和胸部酒红色。

　　留鸟。常见于岛上各处林地。

银喉长尾山雀 / 幼鸟 / 孙虎山

银喉长尾山雀 / 成鸟 / 孙虎山

201

莺鹛科 Sylviidae

| 山鹛 | *Rhopophilus pekinensis* | Chinese Hill Babbler | 莺鹛科 Sylviidae |

　　山鹛，体长 17 cm。雌雄相似。上嘴铅灰色，下嘴淡黄色。虹膜褐色。头顶棕色，具黑色纵纹，眉纹灰色，眼周有一圈亮白色细羽毛，贯眼纹深褐色，髭纹黑色，颏和喉白色。上体灰色，具黑色纵纹。翼短圆，灰褐色无翼斑。下体白色，两胁具棕红色纵纹。尾长，灰褐色，外侧尾羽末端具白斑。脚肉色。

　　留鸟。见于岛西北部果园和岛南部林地。

山鹛 / 孙虎山

棕头鸦雀   *Sinosuthora webbiana*   Vinous-throated Parrotbill   莺鹛科 Sylviidae

棕头鸦雀，体长 12 cm。雌雄相似。嘴粗而短，灰褐色，嘴端色浅。虹膜暗褐色。眼先、颊和耳羽棕栗色或暗灰色。上体额、头顶、后颈到上背为红棕色或棕色，背、肩、腰和尾上覆羽橄榄褐色或橄榄灰褐色。翼覆羽棕红色，飞羽褐色，翼上各羽外翈多具深淡不一的栗色或栗红色，尖端变淡。下体颏、喉、胸粉红棕色并具细微暗红棕色纵纹，腹部、两胁和尾下覆羽灰褐色。尾长，暗褐色。脚铅褐色。

留鸟。常见于岛上各处草地、芦苇荡和林缘。

棕头鸦雀 / 繁殖羽 / 孙虎山

棕头鸦雀 / 非繁殖羽 / 王宜艳

震旦鸦雀　　*Paradoxornis heudei*　　Reed Parrotbill　　莺鹛科 Sylviidae

　　震旦鸦雀，体长 18 cm。雌雄相似。嘴黄色，宽大具钩，似鹦鹉嘴。虹膜红褐色。黑色眉纹粗长而显著，上缘黄褐色，下缘白色。上体额、头顶及颈背灰色，背部红褐色，上背具黑色纵纹。翼上肩部呈浓红褐色，飞羽较淡，三级飞羽近为黑色。下体颏、喉部白色，腹中心近白色，两胁红褐色。尾长，尾羽背面灰黄色，外侧黑色且具白斑。脚粉黄色。冬羽色淡，背、肩、两胁黄褐色。

　　留鸟。常见于岛东南部芦苇荡。为国家二级保护动物。

震旦鸦雀 / 繁殖羽 / 李福友

震旦鸦雀 / 非繁殖羽 / 孙虎山

绣眼鸟科 Zosteropidae

| 红胁绣眼鸟 | *Zosterops erythropleurus* | Chestnut-flanked White-eye | 绣眼鸟科 Zosteropidae |

红胁绣眼鸟，体长 11 cm，小型鸣禽。雌雄相似。嘴铅灰色，小而尖细，末端稍下弯。虹膜红褐色，眼周具绒状短羽构成的醒目的白眼圈。额、头顶、颊、耳羽、后颈黄绿色，眼先黑褐色，颏、喉、颈侧、上胸、尾下覆羽亮黄色。上体背、肩、腰和尾上覆羽暗绿色。翼上覆羽和飞羽多黑褐色，外翈羽缘暗绿色。下胸、腹中央乳白色，两胁具栗红色斑块。尾短，暗褐色。脚铅灰色。雌鸟两胁栗红色斑块浅而小。

旅鸟。3、4 月和 9、10 月常见于岛西北部的果园及其周边林地。为国家二级保护动物。

红胁绣眼鸟 / 幼鸟 / 孙虎山

红胁绣眼鸟 / 成鸟 / 孙虎山

暗绿绣眼鸟　*Zosterops japonicus*　Japanese White-eye　绣眼鸟科 Zosteropidae

暗绿绣眼鸟，体长10 cm，小型鸣禽。雌雄相似。嘴黑色，尖而细。虹膜浅褐色，眼周具绒状短羽构成的醒目的白眼圈。额黄色，眼先和眼圈下方具黑褐色斑纹，颏和喉柠檬黄色，头部其他部位黄绿色。上体后颈、背、肩、腰、尾上覆羽草绿色或暗黄绿色。飞羽和外侧覆羽暗褐色，外翈多具草绿色羽缘。下体上胸呈鲜艳的柠檬黄色，下胸和两胁灰白色，腹中央白色，尾下覆羽黄色。尾暗绿色。脚灰黑色。

夏候鸟。5~9月常见于岛南部林地。

暗绿绣眼鸟 / 孙虎山

暗绿绣眼鸟 / 孙虎山

椋鸟科 Sturnidae

| 八哥 | *Acridotheres cristatellus* | Crested Myna | 椋鸟科
Sturnidae |

八哥，体长 26 cm。嘴浅黄色。虹膜橙黄色。体黑色。上嘴基额羽多并延长耸立于喙基上，与头顶尖长羽毛一起形成突出的冠羽。头颈部具蓝绿色金属光泽，上体其他部位具浅紫褐色金属光泽。初级覆羽先端和初级飞羽基部白色，形成明显的白色翅斑，与黑色体羽形成鲜明对比，飞行时醒目。下体灰黑色。尾羽黑色，除中央尾羽外均具白色羽端。脚暗黄色。

留鸟。常见于岛上农田和林地。

八哥 / 王宜艳

八哥 / 孙虎山

丝光椋鸟

Spodiopsar sericeus　　Silky Starling　　椋鸟科
Sturnidae

丝光椋鸟，体长 24 cm。嘴尖直平滑，朱红色而尖端黑色。虹膜黑色。雄鸟额、头顶、头侧、颏、喉、颈侧白色，微沾皮黄色，头部羽毛丝状尖长，披散至上颈和上胸，较醒目。背灰色，与上胸暗灰色延伸至后颈形成一暗灰色颈环，往后逐渐变浅至腰部。翼黑色，具绿色金属光泽，初级飞羽基部白色，形成明显白色翼斑，飞行时清晰可见。下体灰白色，尾下覆羽白色。尾黑色，具蓝绿色金属光泽。脚橙黄色。雌鸟头部灰褐色较多，黑羽少光泽，无暗灰色颈环。幼鸟体羽偏灰褐色。

夏候鸟。5~8 月偶见于岛西北部林地林缘、低矮草地和农田。

丝光椋鸟 / 雌鸟 / 孙虎山

丝光椋鸟 / 雄鸟 / 孙虎山

灰椋鸟　*Spodiopsar cineraceus*　White-cheeked Starling　椋鸟科 Sturnidae

灰椋鸟，体长 24 cm。雌雄相似。嘴橙黄色、尖端黑色。虹膜深褐色。前额、眼先、眼周、颊、耳羽、颏均白色，杂有黑色细纹。头顶、后颈、喉、前颈、上胸黑色，具白色的细斑。背、肩、腰灰褐色，尾上覆羽白色。翼羽黑褐色，飞羽羽缘白色。下胸、两胁淡灰褐色，腹中部和尾下覆羽白色。尾较短，黑褐色。脚橙黄色。幼鸟嘴端无黑色。

留鸟。常见于岛上各处林地和草地。

灰椋鸟 / 李福友

灰椋鸟 / 孙虎山

鸫科 Turdidae

| 白眉地鸫 | *Geokichla sibirica* | Siberian Thrush | 鸫科
Turdidae |

　　白眉地鸫，体长 23 cm。嘴黑色，下嘴基部黄色。虹膜深褐色。雄鸟上体黑色，眉纹白色，粗且长，非常醒目。下体颏、喉、胸深蓝灰色，具零星白色点斑。两胁黑色，具褐色横斑。腹部中央和尾下覆羽白色。尾黑色。脚黄色。雌鸟上体褐色，眉纹黄白色，眼先深褐色，颊和耳羽白色，密布褐色杂斑，下体白色，具深褐色鳞状斑，尾褐色。

　　旅鸟。4、5 月和 9、10 月偶见于岛南部林地林缘和稀疏草地。

白眉地鸫／孙虎山

虎斑地鸫 | *Zoothera aurea* | White's Thrush | 鸫科 Turdidae

　　虎斑地鸫，体长 28 cm，大型鸫。雌雄相似。嘴黑褐色，下嘴基肉黄色。虹膜深褐色。眼先棕白色并具黑色羽端，眼周棕白色形成明显的眼圈。颊、耳羽、颏、喉白色，具黑色端斑。上体自额至尾上覆羽橄榄褐色，各羽具黑色端斑和淡金黄色次端斑，使上体满布黑色的粗大鳞状斑。飞羽黑褐色，具淡棕黄色羽缘。下体浅棕白色，胸、前腹、两胁具明显的黑色鳞状斑。脚肉粉色。

　　旅鸟。4、5 月和 9、10 月见于岛南部林地。

虎斑地鸫 / 孙虎山

| 灰背鸫 | *Turdus hortulorum* | Gray-backed Thrush | 鸫科
Turdidae |

灰背鸫，体长 24 cm。雄鸟嘴黄色。虹膜褐色。头部石板灰色并微带有橄榄色，眼先黑色，眼圈橙黄色。整个上体灰蓝色。飞羽黑褐色，外翈缀蓝灰色。下体下胸两侧、两胁、腋羽和翼下覆羽亮橙色，腹中央和尾下覆羽白色。尾灰色。脚黄色。雌鸟嘴褐色，上体灰褐色，颏、喉、胸白色，具浓密的黑色点斑。幼鸟嘴深灰色，头部具淡色条纹，下体污白色，具暗色纵纹。

旅鸟。4、5 月和 9、10 月见于岛南部水库周边林地。

灰背鸫／孙虎山

乌鸫 | *Turdus mandarinus* | Chinese Blackbird | 鸫科 Turdidae

乌鸫，体长 29 cm，大型鸫。雄鸟嘴橙黄色或黄色。虹膜褐色，具醒目的橙黄色眼圈。全身大致为黑色，有的沾锈色或灰色，两翼有金属光泽。下体黑色稍淡。颏缀以棕色羽缘，喉微沾棕色并微具黑褐色纵纹，胸部具暗色纵纹。脚黑褐色。雌鸟较雄鸟颜色较淡，嘴暗绿黄色至黑色，颏、喉浅栗褐色缀暗纹，通体黑褐色，下体稍沾栗色。幼鸟嘴黑色，整体羽色偏黄褐色，背部和腹部具淡黄色羽干纹。

夏候鸟。6~8 月见于岛西北部林地。

乌鸫 / 孙虎山

白眉鸫 | *Turdus obscurus* | Eyebrowed Thrush | 鸫科 Turdidae

白眉鸫，体长 23 cm。嘴端黑色，嘴基黄色。虹膜褐色。雄鸟头部整体灰褐色，微带橄榄色，眼先黑褐色，眉纹白色，眼下具一小而清晰的白斑。上体羽多为橄榄褐色。飞羽黑褐色而外翈淡橄榄褐色，翼上覆羽暗褐色。下体胸、两胁为醒目的橙黄色，腹部、尾下覆羽白色。尾暗褐色。脚黄色。雌鸟头部褐色较深，颏、喉部白色，具灰色纵纹，胸和两胁为污橙黄色，脚黄绿色。

旅鸟。4、5 月偶见于岛西北部林地。

白眉鸫 / 孙虎山

白眉鸫 / 孙虎山

白腹鸫	*Turdus pallidus*	Pale Thrush	鸫科 Turdidae

白腹鸫，体长 24 cm。上嘴灰色，下嘴黄色而尖端灰色。虹膜褐色。雄鸟整个头部和颈部灰褐色，眼圈黄色较醒目，耳羽具浅黄白色细纹，无眉纹。其余上体均为橄榄褐色，翼衬灰色或白色。下体颏白色而其羽干黑色并延长成须状，上喉白色而羽端褐灰色，下喉、胸、两胁褐灰色，腹部和尾下覆羽白色沾灰色。尾灰褐色，外侧的两对尾羽具白色端斑。脚浅褐色。雌鸟头部褐色较浓，喉偏白色，具灰色细纹。

旅鸟。4、5月和9、10月偶见于岛南部林地林缘和低矮草地。

白腹鸫 / 孙虎山

白腹鸫 / 孙虎山

赤颈鸫 | *Turdus ruficollis* | Red-throated Thush | 鸫科 Turdidae

　　赤颈鸫，体长 25 cm。嘴黑褐色，下嘴基部黄色。虹膜深褐色。雄鸟眉纹、两颊、喉部、上胸红褐色，喉部两侧具黑色斑点，眼先黑褐色，耳羽灰色，整个上体自头顶至尾上覆羽及两翼均为浅灰褐色，头顶具有矛状的黑褐色羽干纹。胸部以下的下体白色。尾羽棕色。脚黄褐色。雌鸟眉纹皮黄色，红褐色部分较浅，下体多红褐色纵纹。

　　冬候鸟。11 月至次年 3 月偶见于岛南部水库周边林地。

赤颈鸫 / 孙虎山

红尾斑鸫

Turdus naumanni　　Naumann's Thush　　鸫科
Turdidae

　　红尾斑鸫，体长 24 cm。嘴黑褐色，下嘴基部黄色。虹膜深褐色。雄鸟眼先黑色，眉纹淡棕红色，耳羽、前额、头顶及后颈灰褐色。上体背、肩部橄榄褐色并带有锈色，腰部、尾上覆羽棕红色。翼黑褐色缀棕红色，飞羽外翈棕红色。下体颏、喉棕白色而具黑褐色斑点，并一直扩展到上胸和颈侧。胸部、腹部两侧及两胁棕红色而羽缘白色，形成红白相间的鳞状斑纹，尾下覆羽栗色。尾羽锈红色。脚黄褐色。雌鸟头部眉纹等淡棕红色或皮黄色，喉部具黑色细纵纹，胸部的棕红色斑纹不如雄鸟密集。

　　冬候鸟。10 月至次年 4 月常见于岛中西部林地。

| 斑鸫 | *Turdus eunomus* | Dusky Thrush | 鸫科
Turdidae |

斑鸫，体长 25 cm。嘴黑褐色，下嘴基部黄色。虹膜褐色。雄鸟额、头顶、枕、后颈黑褐色，具深色纵纹，眉纹白色而宽大，耳羽黑褐色。上体自上背至腰由黑褐色逐渐过渡到浅褐色。翼红褐色，飞羽黑褐色而基部红棕色，越往内侧的飞羽上红棕色面积越大，形成明显的红棕色翼斑。下体白色，胸、两胁密布粗大月牙状黑色斑点。尾羽黑褐色。脚褐色。雌鸟似雄鸟，但上体少红棕色。

旅鸟。10~12 月见于岛中西部林地。

斑鸫 / 孙虎山

鹟科 Muscicapidae

| 红尾歌鸲 | *Larvivora sibilans* | Rufous-tailed Robin | 鹟科 Muscicapidae |

　　红尾歌鸲，体长 13 cm。雌雄相似。嘴近黑色，下嘴基部粉色。虹膜深褐色。羽色整体淡棕褐色。眉纹淡灰白色或淡黄色，上体淡棕色，尾羽、腰和两翼棕红色。下体淡褐色并具鳞状斑纹。脚粉色。

　　旅鸟。9、10 月偶见于岛南部水库周边林地林缘。

红尾歌鸲／孙虎山

蓝歌鸲 | *Larvivora cyane* | Siberian Blue Robin | 鹟科 Muscicapidae

蓝歌鸲，体长 14 cm。嘴黑色。虹膜深褐色。雄鸟头顶蓝色，具金属光泽，眼先、眼下方、颊近黑色并延伸到颈侧和胸侧。上体整体蓝色。两翼蓝色为主，部分初级飞羽褐色。下体整体白色。尾蓝色。脚肉粉色。雌鸟上体橄榄褐色，喉和胸褐色，具皮黄色鳞状斑纹，腰和尾上覆羽暗蓝色。

旅鸟。4、5 月和 9、10 月见于岛上林地林缘。

蓝歌鸲 / 雄鸟 / 孙虎山

蓝歌鸲 / 雌鸟 / 孙虎山

红喉歌鸲　　*Calliope calliope*　　Siberian Rubythroat　　鹟科 Muscicapidae

红喉歌鸲，体长 16 cm。嘴深褐色。虹膜褐色。体羽多棕褐色，具醒目的白色眉纹和颊纹。雄鸟颏和喉艳红色，外围常具狭窄的黑色轮廓线。雌鸟颏和喉白色或淡红色。腹部污白色或浅黄褐色，两胁褐色或皮黄色，尾下覆羽白色。尾长，常上翘，飞行时尾羽展开。脚粉色或灰色。

旅鸟。4、5 月和 9、10 月见于岛南部沼泽地和林缘。为国家二级保护动物。

红喉歌鸲 / 周志浩

红喉歌鸲 / 周志浩

红喉歌鸲 / 孙虎山

| 蓝喉歌鸲 | *luscinia svecica* | Bluethroat | 鹟科
Muscicapidae |

　　蓝喉歌鸲，体长 14 cm。嘴黑色。虹膜深褐色。雄鸟额和头顶暗褐色，两侧具黑褐色纵纹，眉纹白色，眼先黑褐色，耳羽褐色。颏、喉部亮蓝色，中央有栗色块斑，喉向下至胸部分别具黑色、白色、橙色三色横带。上体灰褐色，腰淡褐色。下体腹部、尾下覆羽白色。尾黑褐色。脚灰色。雌鸟颏喉部白色，无栗色块斑，具黑色细颊纹，胸部具较浅的蓝色、橙色、白色横带。

　　旅鸟。4、5 月和 9、10 月见于岛南部水库周边沼泽地。为国家二级保护动物。

蓝喉歌鸲 / 孙虎山

红胁蓝尾鸲　　*Tarsiger cyanurus*　　Orange-flanked Bluetail　　鹟科 Muscicapidae

　　红胁蓝尾鸲，体长15 cm。嘴黑色。虹膜褐色。雄鸟眉纹短，白色自前额延至眼的上方。头顶蓝色，两侧亮蓝色，眼先、颊部黑蓝色，颏、喉白色。上体整体蓝色。翼上小、中覆羽亮蓝色，其他覆羽暗褐色而羽缘沾灰蓝色，飞羽黑褐色而外翈沾蓝色或暗棕色。下体胸、腹部和尾下覆羽白色，两胁具有特征性的橘黄色。尾蓝色。脚褐色。雌鸟上体整体偏橄榄褐色，腰和尾上覆羽灰蓝色，下体白色略带褐色，两胁橘黄色略浅，尾黑褐色沾灰蓝色。

红胁蓝尾鸲 / 雌鸟 / 王宜艳

　　旅鸟。4、5月和9~11月常见于岛上各处林地和荒滩。

红胁蓝尾鸲 / 雄鸟 / 孙虎山

北红尾鸲　*Phoenicurus auroreus*　Daurian Redstart　鹟科 Muscicapidae

　　北红尾鸲，体长 15 cm。嘴黑色。虹膜褐色。雄鸟额、头顶、后颈及上背灰白色或灰色。眼先、颊、耳区、颈侧、颏、喉、前颈、下背和两翼均为黑色，腰和尾上覆羽棕红色。次级飞羽和三级飞羽基部白色，形成一道明显的三角形白色翼斑。下体胸、腹和尾上覆羽为鲜艳的棕红色。除中央尾羽为黑色外，其余尾羽均为棕红色。脚黑色。雌鸟橄榄褐色替代雄鸟黑色的区域，棕红色区域转为淡棕色，翅上的三角形白色翼斑较小。

　　留鸟。四季可见于岛上林地和荒滩。

北红尾鸲 / 雌鸟 / 孙虎山

北红尾鸲 / 雄鸟 / 王宜艳

黑喉石䳭 | *Saxicola maurus* | Siberian Stonechat | 鹟科 Muscicapidae

　　黑喉石䳭，体长 14 cm。嘴黑色。虹膜深褐色。雄鸟整个头部黑色，颈侧白色，形成半领环。上体背、肩和上腰黑色，具棕色羽缘，腰和尾上覆羽白色。翼上覆羽外侧黑褐色内侧白色，飞羽黑色，内侧次级与三级飞羽基部白色，与白色覆羽构成了白色翼斑。下体胸部粟棕色，两胁和前腹白色沾棕色，腹部和尾下覆羽白色。尾羽黑色而基部白色。脚黑色。雌鸟上体大部分为黄褐色，缀以深色斑纹，腰和尾上覆羽淡黄褐色，无斑纹，下体整体皮黄色，颏、喉部偏白色。

黑喉石䳭 / 雄鸟 / 孙虎山

　　旅鸟。4、5 月和 9、10 月常见于岛上各处草地和林地边缘。

黑喉石䳭 / 雌鸟 / 孙虎山

黄河岛鸟类图谱 HUANGHEDAONIAOLEITUPU

| 灰纹鹟 | *Muscicapa griseisticta* | Gray-streaked Flycatcher | 鹟科 Muscicapidae |

灰纹鹟，体长 14 cm。雌雄相似。嘴黑色，下嘴基部黄色。虹膜褐色。额具狭窄白横带，头顶灰褐色，具深褐色细纹。眼圈白色，颊、耳羽暗灰褐色，颧纹黑色，颏、喉白色。上体后颈至尾上覆羽灰褐色。翼长，翼尖几达尾端，灰褐色翼上具狭窄的白色翼斑。下体胸、腹和两胁白色，具显著的深灰色纵纹。胸部纵纹较细，腹中央和尾下覆羽纯白色。尾灰褐色。脚黑色。

旅鸟。4、5 月和 9、10 月常见于岛上主道旁西北部林地。

灰纹鹟 / 孙虎山

乌鹟　　*Muscicapa sibirica*　　Dark-sided Flycatcher　　鹟科 Muscicapidae

　　乌鹟，体长 13 cm。雌雄相似。嘴黑色，下嘴基部黄色。虹膜褐色。头部灰褐色，具黑色细纹，白色眼圈明显。颏、喉白色并延伸到颈侧，形成白色半颈环。上体后颈、背、腰和尾上覆羽为一致的灰褐色。两翼黑褐色，大覆羽和三级飞羽具棕白色羽缘，翼长，翼尖延伸至尾的 2/3 处。下体白色，上胸具灰褐色模糊带斑，胸和两胁都具烟灰色杂斑，腹中央及尾下覆羽白色。尾黑褐色。脚黑色。

　　旅鸟。5、6 月和 8、9 月常见于岛上主道西北部旁林地。

乌鹟 / 孙虎山

乌鹟 / 孙虎山

227

北灰鹟　　*Muscicapa dauurica*　　Asian Brown Flycatcher　　鹟科 Muscicapidae

北灰鹟，体长 13 cm。雌雄相似。嘴较长，黑色，下嘴基部黄色。虹膜褐色。额基污白色，眼先和眼圈白色，头顶和头侧灰褐色，颏、喉白色。上体后颈、背、腰以及尾上覆羽均呈灰褐色，羽轴暗色。两翼覆羽灰褐色，飞羽黑褐色，飞羽羽缘棕白色，三级飞羽棕白色羽缘宽而明显，翼尖可至尾的中部。下体胸部和两胁白色沾淡灰色，腹部和尾下覆羽纯白色。尾黑褐色。脚黑色。

旅鸟。5、6 月和 8、9 月常见于岛主道旁西北部林地。

北灰鹟 / 孙虎山

北灰鹟 / 孙虎山

白眉姬鹟   *Ficedula zanthopygia*   Yellow-rumped Flycatcher   鹟科 Muscicapidae

白眉姬鹟，体长 13 cm。嘴较短，黑色。虹膜深褐色。雄鸟额、头顶、枕、眼先、眼周、颊、颈侧、后颈均为黑色，较宽的白色眉纹特别醒目。上背和肩黑色，下背和腰鲜黄色。两翼主要为黑色，内侧中覆羽、大覆羽和最内侧的 2 枚三级飞羽外翈白色，形成非常醒目的白色翼斑。下体鲜黄色。尾羽黑褐色，尾上覆羽黄色至黑色，尾下覆羽白色。脚黑色。雌鸟无眉纹，上体橄榄绿色，腰黄色，两翼橄榄褐色，具白色翼斑。下体自颏至尾下覆羽由白色渐变为淡黄绿、灰黄、白色。

白眉姬鹟 / 雌鸟 / 孙虎山

夏候鸟。5、8 月见于岛南部水库周边林地。

白眉姬鹟 / 雄鸟 / 孙虎山

鸲姬鹟 | *Ficedula mugimaki* | Mugimaki Flycatcher | 鹟科 Muscicapidae

鸲姬鹟,体长 13 cm。嘴黑色。虹膜深褐色。雄鸟额、头顶、枕、眼先、眼周、颊、颈侧和后颈均为黑色,短小醒目的白色眉斑止于眼上。上体背、肩、腰及尾上覆羽均呈灰黑色且无光泽。翼黑色,大覆羽和中覆羽羽端白色组成醒目的白色翼斑。下体颏、喉、胸及上腹部均为鲜艳的橙红色,其余下体白色。尾黑褐色,外侧尾羽基部外翈羽缘白色。脚灰褐色。雌鸟无眉纹,上体整体橄榄褐色,翼上的白斑较细。下体颏至上腹浅棕黄色,其余下体灰白色,尾橄榄褐色且无白色。

鸲姬鹟 / 雄鸟 / 孙虎山

旅鸟。4、5 月和 9、10 月偶见于岛东南部林地。

鸲姬鹟 / 雌鸟 / 孙虎山

| 红喉姬鹟 | *Ficedula albicilla* | Taiga Flycatcher | 鹟科 Muscicapidae |

红喉姬鹟，体长 13 cm。嘴黑色。虹膜深褐色。雄鸟夏羽头上部灰褐色，眼圈白色，颏、喉橙红色。上体整体灰褐色，仅尾上覆羽黑色。两翼暗灰褐色，具1 道不明显的浅色翼斑，飞羽具浅色羽缘。下体胸偏灰色，其余下体白色。尾羽黑色，除了中央尾羽外，其他尾羽基部白色。脚黑色。冬羽颏喉部灰白色或白色。雌鸟似雄鸟冬羽。

旅鸟。4、5 月和 9、10 月常见于岛西北部林地。

红喉姬鹟 / 雄鸟 / 孙虎山

红喉姬鹟 / 雌鸟 / 孙虎山

白腹蓝鹟　*Cyanoptila cyanomelana*　Blue-and-white Flycatcher　鹟科 Muscicapidae

白腹蓝鹟，体长 17 cm。嘴黑色。虹膜深褐色。雄鸟额基、眼先、头侧、颏、喉、胸部黑色，头顶和枕部艳蓝色。上体艳蓝色。两翼蓝色，飞羽蓝黑色，具蓝色羽缘。下体后部的腹部和尾下覆羽白色，与头部及胸部的黑色对比明显。尾暗蓝色。脚黑色。雌鸟上体和两翼褐色，下体喉、胸和两胁淡褐色，腹部白色，尾棕褐色。

旅鸟。4、5 月和 9、10 月偶见于岛上主道旁西北部林地。

白腹蓝鹟 / 雄鸟 / 孙虎山

白腹蓝鹟 / 雄鸟 / 孙虎山

白腹暗蓝鹟 *Cyanoptila cumatilis* Zappey`s Flycatcher 鹟科 Muscicapidae

　　白腹暗蓝鹟，体长 17 cm。嘴黑色。虹膜深褐色。雄鸟额基、眼先、头侧、颏、喉、胸部深绿蓝色，头顶和枕部艳蓝色。上体绿蓝色。两翼蓝或蓝黑色。下体腹部和尾下覆羽白色，与头部及胸部的深蓝色对比明显。尾暗蓝色。脚黑色。雌鸟上体和两翼褐色，下体颏和喉褐色，胸和两胁淡褐色，腹部和尾下覆羽白色沾褐色，尾棕褐色。

　　旅鸟。4、5月和9、10月偶见于岛上主道旁西北部林地林缘。

白腹暗蓝鹟 / 雌鸟 / 孙虎山

白腹暗蓝鹟 / 雄鸟 / 孙虎山

戴菊科 Regulidae

| 戴菊 | *Regulus regulus* | Goldcrest | 戴菊科 Regulidae |

　　戴菊，体长 10 cm，小型鸣禽。嘴黑色，短而尖细。虹膜深褐色。雄鸟前额灰白色，头顶中央冠纹橙红色，宽而醒目，粗而显著的侧冠纹黑色，眼先、眼周灰白色，头侧和颈部浓灰色或灰色。上体背、肩橄榄绿色，腰和尾上覆羽黄绿色。翼黑褐色，具两道明显的白色翼斑。飞羽外翈羽缘多淡黄绿色，在翼上形成黑白相间的醒目图案。下体淡黄白色或偏灰色，两胁沾黄绿色。尾短凹形，黑褐色，尾羽外翈羽缘橄榄黄绿色。脚黑色。雌鸟头顶中央冠纹柠檬黄色。

　　旅鸟。4、5月和9、10月见于岛南部林地。

戴菊／孙虎山

太平鸟科 Bombycillidae

| 太平鸟 | *Bombycilla garrulus* | Bohemian Waxwing | 太平鸟科 Bombycillidae |

太平鸟，体长 18 cm。雌雄相似。嘴短而厚，基部宽阔，黑色。虹膜暗红色。头部的前部栗褐色，向后颜色变淡，头顶具有一簇柔软而细长呈栗褐色的羽冠，黑色的贯眼纹从额基经过眼到后枕部相连成环带。额和喉部黑色，颊与喉交汇处淡栗色，前下缘白色形成不清晰颊纹。上体后颈、背、肩灰褐色，越往后灰色越浓。翼黑褐色，具红色蜡滴状斑块和明显的白斑和黄斑。下体胸灰褐色，腹部以下褐灰色，尾下覆羽栗色。尾短而圆，黑褐色，具一宽阔的黄色端斑。脚黑色。

冬候鸟。10 月至次年 4 月见于岛南部林地。

太平鸟 / 孙虎山

小太平鸟　　*Bombycilla japonica*　　Japanese Waxwing　　太平鸟科 Bombycillidae

　　小太平鸟，体长 16 cm。雌雄相似。嘴黑色。虹膜紫红色。额、头顶前部栗色，向后颜色变淡，头顶具一簇柔软而细长的羽冠，前端栗褐色而后端黑色。黑色的贯眼纹从额基、眼先、眼到后枕部，在枕部相连形成环带状，并延伸到冠羽。其他特征似太平鸟，但是体型稍小，翼上无蜡滴状斑块和黄色斑纹而具红色横斑，尾羽末端具红色端斑。脚黑色。

　　冬候鸟。10 月至次年 4 月见于岛南部林地。

小太平鸟（右）/孙虎山

雀科 Passeridae

| 山麻雀 | *Passer cinnamomeus* | Russet Sparrow | 雀科
Passeridae |

　　山麻雀，体长 13 cm。嘴黑色，粗短呈圆锥状，嘴缘平滑。虹膜褐色。雄鸟额、头顶、后颈栗红色、眼先和贯眼纹黑色，细小的眉纹、颊、耳羽、颈侧白色，颏和喉部中央黑色。上体背和腰部栗红色，上背中央具黑色纵纹。翼暗褐色，外翈羽缘棕白色，具两道棕白色翼斑。下体灰白色。尾羽暗褐色，具土黄色羽缘。脚粉褐色。雌鸟的眼先和贯眼纹褐色，具长而宽的皮黄白色眉纹。上体沙褐色，上背布满棕褐色和黑色斑纹，下体淡灰棕色。

山麻雀 / 雄鸟 / 孙虎山

　　夏候鸟。5~7 月见于岛上各处林地和草地。

山麻雀 / 雌鸟 / 孙虎山

麻雀　　*Passer montanus*　　Eurasian Tree Sparrow　　雀科
Passeridae

麻雀，体长14 cm。雌雄相似。嘴黑色，短而强健，圆锥形。虹膜深褐色。前额、头顶、枕部、后颈栗红色，眼先和眼下缘黑色。颊污白色，具特征性黑斑。耳羽后缘黑色，颏、喉中央黑色。上体偏棕褐色，背和肩部栗色较浅，具粗的黑色条纹，腰和尾上覆羽褐色。翼黑褐色，中、大覆羽端部白色，在翼上形成两道白色翼斑。下体胸、腹白色沾沙褐色。尾微叉状，暗褐色。脚粉褐色。

　　留鸟。四季常见于岛上各处，是岛上最常见的鸟类之一。

麻雀 / 孙虎山

麻雀 / 王宜艳

鹡鸰科 Motacillidae

| 山鹡鸰 | *Dendronanthus indicus* | Forest Wagtail | 鹡鸰科 Motacillidae |

山鹡鸰，体长 17 cm。雌雄相似。嘴细长而直，上嘴黑褐色，下嘴肉红色或黄白色。虹膜深褐色。额、头顶、后颈橄榄褐色，黄白色眉纹从嘴基直达枕部，眼先和耳羽暗褐色，颊淡黄白色杂以橄榄褐色斑点，颏、喉白色。上体橄榄褐色，腰较淡。翼上小覆羽橄榄褐色，中覆羽和大覆羽黑褐色而先端白色，形成两道明显的翼斑。下体胸白色，前胸有一黑色横带并在中部向下突出呈"T"形，后胸有一不完整而在中部开裂的黑褐色横带，两胁白色，微沾淡橄榄褐色，腹和尾下覆羽白色。尾细而尖长，褐色，最外侧一对尾羽白色。脚细长，粉色。

夏候鸟。5~7 月见于岛东南部林地和沼泽地。

山鹡鸰 / 孙虎山

黄鹡鸰 *Motacilla tschutschensis* Eastern Yellow Wagtail 鹡鸰科 Motacillidae

　　黄鹡鸰，体长 18cm。嘴黑色。虹膜褐色。额、头顶、后颈橄榄绿色，眼先、贯眼纹、耳羽深橄榄绿色带黑色，眉纹、颏、喉均为鲜黄色。上体与头顶同色为橄榄绿色，腰部略浅。翼上小覆羽橄榄绿色，中、大覆羽黑褐色，具黄白色端斑，形成 2 道不很明显的翼斑。飞羽黑褐色而羽缘黄白色。下体鲜黄色，胸和两胁沾橄榄绿色。尾较长，黑褐色，最外侧两对尾羽白色。脚黑色。

　　旅鸟。4、5 月和 9、10 月常见于岛南部水库边缘和周边的沼泽地。

黄鹡鸰 / 东北亚种 / 孙虎山　　　　　　　　黄鹡鸰 / 台湾亚种 / 孙虎山

黄鹡鸰 / 指名亚种 / 孙虎山

| 黄头鹡鸰 | *Motacilla citreola* | Citrine Wagtail | 鹡鸰科 Motacillidae |

黄头鹡鸰，体长 18 cm。嘴细长而直，黑色。虹膜深褐色。雄鸟头部鲜黄色。背黑色或灰色，有的后颈和颈侧具黑色领环，腰暗灰色，尾上覆羽灰黑色。翼尖长，三级飞羽长，几乎与翼尖平齐。翼上大、中覆羽和内侧飞羽具宽阔的白色羽缘，形成白色的大翼斑。飞羽黑褐色。下体鲜黄色，尾下覆羽白色。尾黑色，外侧2对尾羽具大型楔形白斑。脚乌黑色。雌鸟头顶、后颈草绿色，额、眉纹、颏、喉、颈侧、胸黄色，眼先、耳羽、胸侧黄色沾绿色，腹部和两胁淡黄色沾灰白色。

旅鸟。4、5月和9、10月见于岛南部水库周边湿地。

黄头鹡鸰 / 雌鸟 / 孙虎山

黄头鹡鸰 / 雄鸟 / 孙虎山

| 灰鹡鸰 | *Motacilla cinerea* | Grey Wagtail | 鹡鸰科
Motacillidae |

灰鹡鸰，体长 19 cm。雌雄相似。嘴黑褐色，较细长。虹膜褐色。前额、头顶、枕和后颈灰色，眉纹和颧纹白色，眼先、耳羽灰黑色。肩、背灰色沾暗绿褐色，腰黄绿色，尾上覆羽鲜黄色。两翼黑褐色，次级飞羽基部白色与部分初级覆羽白色内翈一起形成一道明显的白色翼斑，三级飞羽外翈具宽阔的白色羽缘。下体颏、喉夏季为黑色，冬季为白色，胸、腹、尾下覆羽鲜黄色，部分沾有褐色，两胁淡黄白色。尾细长，黑褐色。脚粉灰色。雌鸟上体较绿灰，颏、喉白色。

夏候鸟。3~5 月和 8~10 月见于岛南部水库及其周边沼泽地。

灰鹡鸰 / 幼鸟 / 孙虎山

灰鹡鸰 / 成鸟 / 孙虎山

白鹡鸰 *Motacilla alba* White Wagtail 鹡鸰科 Motacillidae

　　白鹡鸰，体长 20 cm。雌雄相似。嘴细长，黑色。虹膜黑褐色。额、头顶前部、头侧白色，头顶后部、枕和后颈黑色，颏、喉灰色。上体背、肩灰色。翼上小覆羽灰色，中、大覆羽尖端白色，形成白色翼斑。飞羽黑色，具白色羽缘。下体胸部黑色并向上延伸到颈侧，胸以下白色。尾长而窄，黑色，最外侧两对尾羽白色。脚黑色。雌鸟似雄鸟，但后颈偏灰色，背部灰色略浅。幼鸟头部灰色替代黑色，且白色部位沾黄色。

　　留鸟。四季常见于岛上水库、沼泽地、养殖池塘和河滩等各种淡水或海水湿地。

白鹡鸰 / 灰背眼纹亚种雄鸟 / 孙虎山

白鹡鸰 / 普通亚种雄鸟及幼鸟 / 孙虎山

白鹡鸰 / 黑背眼纹亚种雄鸟 / 孙虎山

白鹡鸰 / 普通亚种雄鸟 / 王宜艳

田鹨　　*Anthus richardi*　　Richard's Pipit　　鹡鸰科 Motacillidae

田鹨，体长 16 cm。雌雄相似。嘴细长，粉红褐色。虹膜褐色。额、头顶棕褐色，具暗褐色纵纹。眼先和眉纹沙黄色，颏、喉棕白色而两侧具一暗色纵纹。上体褐色，背、肩具显著的黑褐色纵纹，后颈、腰纵纹不显著或无。翼尖而长，黑褐色，翼上覆羽具淡黄棕色羽缘，初级、次级飞羽具棕白色窄羽缘。三级飞羽长，几乎与翅尖平齐，具宽的淡棕色羽缘。下体棕白色，胸部具短而细的褐色纵纹，两胁沾棕黄色。尾较短，尾羽黑褐色，具黄白色羽缘，最外侧一对尾羽几为全白色，次外侧一对尾羽具楔形白斑。脚粉红色，后爪甚长。

夏候鸟。4~10 月常见于岛南部水库周边林地和沼泽地。

田鹨 / 孙虎山

田鹨 / 孙虎山

树鹨 *Anthus hodgsoni* Olive-backed Pipit 鹡鸰科 Motacillidae

树鹨，体长 15 cm。雌雄相似。嘴细长，上嘴黑褐色，下嘴粉红色。虹膜褐色。头顶橄榄绿色并具有明显的黑褐色细密纵纹。眼先黄白色，具有从嘴基为棕黄色向后转为白色的眉纹，贯眼纹黑褐色，耳后具有白斑，颏、喉白色，颧纹黑褐色。上体橄榄绿色，后颈的黑褐色纵纹延伸到背部且逐渐变淡。两翼黑褐色，中、大覆羽具白色端斑。下体白色，胸和胁具黑褐色纵纹。尾羽黑褐色，具灰绿色羽缘。脚粉红色。

旅鸟。4、5 月和 9、10 月常见于岛南部水库周边及岛上主道旁林地林缘。

树鹨 / 孙虎山

树鹨 / 孙虎山

| 红喉鹨 | *Anthus cervinus* | Red-throated Pipit | 鹡鸰科 Motacillidae |

红喉鹨，体长 15 cm。雌雄相似。嘴黑色，基部黄色。虹膜褐色。夏羽羽色鲜艳，眉纹、颊、颏、喉、颈侧、上胸棕红色，耳羽棕褐色。上体灰褐色，具黑褐色纵纹。头顶和背部纵纹粗著，腰和尾上覆羽纵纹稍窄，腰部还常有黑色斑块。翼上覆羽暗褐色，中、大覆羽具宽阔的乳白色羽缘而形成两道白色翼斑。飞羽黑褐色，羽缘为灰褐色或淡黄褐色。下体上胸以下淡棕黄色，胸和两胁具黑褐色纵纹。尾暗褐色，最外侧一对尾羽端部具大型灰白色楔状斑，次外侧一对尾羽具白色端斑。脚肉色。冬羽上体黄褐色且带有黑色的细纵纹，喉部污白色或微沾棕色。

旅鸟。4、5 月和 9、10 月常见于岛南部水库边缘及其周边沼泽地。

红喉鹨 / 孙虎山

红喉鹨 / 孙虎山

黄腹鹨 | *Anthus rubescens* | Buff-belied Pipit | 鹡鸰科 Motacillidae

黄腹鹨，体长 15 cm。雌雄相似。嘴细长，上嘴角质色，下嘴偏粉色。虹膜褐色。头顶灰橄榄色具细密黑褐色纵纹，眼先黄白色或棕色，白色眼圈明显。眉纹自嘴基起先棕黄色后转为白色，贯眼纹和耳区黑褐色，颏、喉纯白或棕白色，喉侧有黑褐色颧纹，颈侧具黑色块斑。上体灰橄榄色，背部具较粗黑褐色纵纹，形成两条很深的条状斑纹，往后纵纹逐渐不明显，腰至尾上覆羽无纵纹。两翼黑褐色，中、大覆羽具白色或棕白色端斑，形成两道翼斑，初级、次级飞羽的羽缘白色。下体黄白色，胸和两胁具粗著而浓密的黑色纵纹，繁殖期间喉和胸部沾葡萄红色。尾羽黑褐色，具橄榄绿色羽缘，最外侧一对尾羽具大型楔状白斑，次外侧一对尾羽具较小的白色端斑。脚暗黄色。

黄腹鹨 / 周志浩

旅鸟。4、5 月和 9、10 月常见于岛南部水库边缘及其沼泽地。

黄腹鹨 / 孙虎山

| 水鹨 | *Anthus spinoletta* | Water Pipit | 鹡鸰科
Motacillidae |

水鹨，体长 15 cm。雌雄相似。嘴暗褐色，较细长。虹膜褐色。夏羽头顶灰褐色，眉纹乳白色，粗而长，耳后有白斑。上体灰褐色，背部具不明显的黑褐色细纹。两翼暗褐色，中、大覆羽具白色或棕白色端斑而形成两道白色翼斑，飞羽具棕白色羽缘。下体浅棕色或橙黄色，胸部颜色较深沾葡萄红色，胸和两胁具模糊的纵纹或斑点。尾暗褐色，最外侧一对尾羽具明显楔状白斑，次外侧一对尾羽具白色端斑。脚黑色。冬羽上体褐灰色，头顶至背具浓密暗褐色纵纹。下体暗皮黄色，从喉至胸部具浓密暗褐色斑纹。

冬候鸟。10 月至次年 4 月见于岛南部水库边缘及其周边的沼泽地。

水鹨 / 孙虎山

水鹨 / 孙虎山

燕雀科 Fringillidae

| **燕雀** | *Fringilla montifringilla* | Brambling | 燕雀科
Fringillidae |

　　燕雀，体长 16 cm。嘴粗壮呈圆锥状，黄色，尖端黑色。虹膜褐色。雄鸟上体自头顶、头侧、后颈至上背黑色并具黑蓝色的金属光泽，背部羽具黄褐色羽缘。肩羽和翼上小覆羽羽端橘黄色，中、大覆羽尖端白色形成翼斑。飞羽黑褐色，外翈具黄白色羽缘。下体颏、喉和上胸橘棕色，下胸和腹部白色，两胁淡棕色，具黑色斑点。尾黑色。脚粉褐色。雌鸟似雄鸟冬羽，上体黑色部分被褐色替代且具淡色羽缘，头和背部具不明显的纵纹。

　　冬候鸟。10 月至次年 4 月常见于岛东南部林地。

燕雀 / 雄鸟 / 孙虎山

燕雀 / 雌鸟 / 孙虎山

锡嘴雀　　*Coccothraustes coccothraustes*　　Hawfinch　　燕雀科 Fringillidae

　　锡嘴雀，体长 17 cm。嘴粗大圆厚呈铅蓝色，下嘴基部近白色。虹膜褐色。雄鸟额、头顶、枕、头侧及颊均为棕黄色，嘴基、眼先、颏和喉中部黑色。后颈灰色宽带向颈侧延伸达喉侧部，背、肩茶褐或暗棕褐色，腰淡皮黄色或橄榄褐色，尾上覆羽棕黄色。翼上小覆羽黑褐色，中覆羽灰白色，大覆羽、初级飞羽和次级飞羽绒黑色，端部具蓝绿色光泽。胸、腹、两胁葡萄红色，下腹中央略沾棕红色，尾下覆羽白色。中央尾羽基段黑色、末段暗栗色、端斑白色，其余尾羽黑色而末端白色。脚粉褐色。雌鸟颏、喉部黑色斑块较小，眼先暗褐色，额至头顶乌灰色且微沾灰绿色，飞羽无金属光泽。

　　旅鸟。4、5 月和 10、11 月偶见于岛南部林地。

锡嘴雀 / 李福友

锡嘴雀 / 孙虎山

黑尾蜡嘴雀　*Eophona migratoria*　Chinese Grosbeak　燕雀科 Fringillidae

　　黑尾蜡嘴雀，体长 17 cm。嘴粗大圆厚，蜡黄色而尖端黑色。虹膜红褐色。雄鸟额、头顶、颊、耳区、颏和上喉黑色且带金属光泽，形成醒目的黑色头罩。枕、后颈、颈侧、背和肩灰褐色，与头罩颜色对比明显。两翼黑色具蓝紫色金属光泽，初级覆羽和外侧飞羽具白色端斑，初级飞羽的白色端斑较长。下体下喉、胸、腹灰褐色沾棕黄色，两胁橙棕色，尾下覆羽白色。尾黑色，外翈具蓝黑色金属光泽。脚粉褐色。雌鸟上下体均呈灰褐色，无黑色头罩，仅嘴周染黑色，头侧和喉部呈银灰色，两翼和尾黑色稍浅。

　　夏候鸟。5~9 月见于岛南部林地。

黑尾蜡嘴雀 / 雄鸟 / 孙虎山

黑尾蜡嘴雀 / 雌鸟 / 孙虎山

黑头蜡嘴雀	*Eophona personata*	Japenese Grosbeak	燕雀科 Fringillidae

　　黑头蜡嘴雀，体长 20 cm，大型燕雀。雌雄相似。嘴蜡黄色，粗大强厚，圆锥形略下弯。虹膜深褐色。额、头顶、眼先、眼周、颏及颊前部黑色且具金属光泽，形成的黑色头罩比黑尾蜡嘴雀小。头侧、枕、后颈、颈侧、背及肩部灰色，腰浅灰色。两翼黑色，初级飞羽中段具白色斑块而形成明显的白色翼斑。下体多淡灰色，下胸和两胁沾葡萄灰色，腹中央和尾下覆羽白色。尾凹形，黑色。脚粉褐色。

　　旅鸟。4、5 月和 9、10 月偶见于岛南部林地。

黑头蜡嘴雀 / 孙虎山

金翅雀　*Chloris sinica*　Grey-capped Greenfinch　燕雀科 Fringillidae

　　金翅雀，体长 13 cm。嘴粉色或肉黄色。虹膜深褐色。雄鸟夏羽眼周和眼先黑色，前额、颊、耳覆羽、眉区、头侧褐灰色沾草黄色，头顶、枕至后颈灰褐色，羽尖沾黄绿色。背、肩和翼上内侧覆羽暗栗褐色，腰金黄色。翼上小翼羽黑色，但羽基和外翈绿黄色，翼角鲜黄色。初级飞羽黑褐色，基部鲜黄色，尖端灰白色，在翅上形成一大块黄色翼斑。其余飞羽黑褐色，具灰白色羽缘。下体鲜黄色或污黄色。中央尾羽黑褐色，其他尾羽基段鲜黄色而末段黑褐色。脚粉褐色。冬羽羽色偏灰色，金黄色减少。雌鸟头顶到后颈灰褐色，具暗色纵纹，上体少金黄色多褐色，下体微沾黄色。幼鸟上体淡褐色，具暗色纵纹，下体黄色，具褐色纵纹。

　　留鸟。常见于岛上各处林地和荒草地。

金翅雀 / 幼鸟 / 孙虎山

金翅雀 / 成鸟 / 孙虎山

253

| 黄雀 | *Spinus spinus* | Eurasian Siskin | 燕雀科 Fringillidae |

黄雀，体长 12 cm，小型燕雀。嘴暗褐偏粉色。虹膜黑褐色。雄鸟额、头顶和枕部黑色，眼先灰色，眉纹鲜黄色，黑色贯眼纹较短，颊黄色，耳羽黄色沾黑色，颏和喉黑色而羽尖沾黄。上体后颈和翁绿色而羽缘黄色，背部橄榄绿色且具黑色细纵纹，腰亮黄色，羽尖色较深，近背部有褐色羽干纹，尾上覆羽橄榄色且具亮黄色宽缘。翼黑褐色，小、中覆羽的羽缘亮黄色，形成两道黄色翼斑。下体胸亮黄色，腹、两胁灰白沾黄色，两胁具黑褐色纵纹，尾下覆羽灰褐色。尾叉形，尾羽黑褐色，具红褐色羽缘，

黄雀 / 雌鸟 / 孙虎山

中央一对尾羽具亮黄色狭边。脚暗褐色。雌鸟色暗而多黑褐色纵纹，头顶与颏无黑色。

旅鸟。3~5 月和 9~11 月常见于岛东南部林地和沼泽地。

黄雀 / 雄鸟 / 孙虎山

鹀科 Emberizidae

| 三道眉草鹀 | *Emberiza cioides* | Meadow Bunting | 鹀科 Emberizidae |

三道眉草鹀，体长 16 cm。上嘴灰黑色，下嘴蓝灰色。虹膜深褐色。雄鸟前额灰白色，头顶和枕部深粟红色，白色眉纹自嘴部一直延伸到颈侧，眼先和颊纹黑色，耳羽深粟褐色，颊、颈侧、颏和喉部白色。上体粟红色，背部具暗褐色纵纹。翼上覆羽褐色，具灰白色羽缘。飞羽暗褐色，初级飞羽外缘灰白，次级和三级飞羽外缘淡红褐色。下体胸部和两胁栗红色，腹部和尾下覆羽砂黄色沾栗红色。尾长，中央一对尾羽栗红色，具黑褐色羽干纹，其余尾羽黑褐色，具黄白色羽缘，外侧两对尾羽上具白色带斑或端斑。脚肉色。雌性羽色偏灰，眼先和颊纹污黄色而非黑色，耳羽淡棕色，头顶具暗褐色细纹，胸栗色较淡。

留鸟。四季常见于岛上各处林地和草地。

三道眉草鹀 / 雌鸟 / 孙虎山

三道眉草鹀 / 雄鸟 / 孙虎山

255

雀形目

白眉鹀 | *Emberiza tristrami* | Tristram's Bunting | 鹀科 Emberizidae

白眉鹀，体长 15 cm。上嘴蓝灰色，下嘴粉色。虹膜深褐色。雄鸟头部黑色并具有非常醒目的白色顶冠纹、眉纹和颊纹。上体红褐色，背、肩具黑褐色纵纹，腰和尾上覆羽无纵纹。翼上中、大覆羽黑褐色，具棕白色羽端，形成 2 道翼斑。飞羽黑褐色，具白色或红褐色羽缘。下体颏、喉黑色，胸和两胁棕褐色，具深栗色纵纹，其余下体白色。中央尾羽栗褐色，其余尾羽黑褐色，具褐色羽缘。脚肉色。雌鸟头部黑色转为褐黑色，顶冠纹、眉纹和颊纹多为污白色，眼先、眼周皮黄色，耳羽棕褐色，颊纹下有黑色点斑组成的黑色颚纹，颏、喉白色，下喉、胸和两胁淡栗色，具暗色纵纹。

白眉鹀 / 雄鸟 / 孙虎山

旅鸟。4、5 月和 10、11 月常见于岛上主道旁林地林缘和草地。

白眉鹀 / 雌鸟 / 孙虎山

栗耳鹀　*Emberiza fucata*　Chestnut-eared Bunting　鹀科 Emberizidae

栗耳鹀，体长 16 cm。上嘴黑灰色，下嘴粉色。虹膜深褐色。雄鸟夏羽额、头顶、后颈灰色，具黑色纵纹。眼圈白色，耳羽和颊栗红色，形成大而醒目的栗色斑块。颊纹污白色，颚纹黑色并延伸至胸部连成项纹，颏、喉白色。上体背和肩栗褐色，具宽阔的黑色纵纹。腰淡栗色，尾上覆羽橄榄褐色，具黑色纵纹。翼上小覆羽呈醒目的栗色，其他覆羽及飞羽黑褐色，具粟白色羽缘。下体胸部皮黄色，上胸具由黑色斑点组成的胸带，其下具栗色胸带。腹部和尾下覆羽黄白色，两胁皮黄色，具黑色纵纹。尾羽黑褐色，具粟白色羽缘。脚粉红色。冬羽偏黄褐色，胸带不明显。雌鸟似雄鸟冬羽，且少特征性的栗色，耳羽多为棕色。

栗耳鹀 / 雌鸟 / 孙虎山

旅鸟。4、5 月和 10、11 月见于岛西北部草地和林缘。

栗耳鹀 / 雄鸟 / 孙虎山

| 小鹀 | *Emberiza pusilla* | Little Bunting | 鹀科
Emberizidae |

小鹀，体长 13 cm，小型鹀。嘴灰色。虹膜深褐色。雄鸟夏羽顶冠纹红棕色，侧冠纹黑色，眉纹棕白色，前端偏棕色而后端变白，眼圈白色，眼先、耳羽红棕色，耳羽后缘、颊纹、颚纹黑色，颊白色沾棕色，颏红棕色，喉白色。上体灰褐色，肩和背部具黑褐色纵纹。翼上覆羽黑褐色，具赭黄色羽缘。中、大覆羽羽尖土黄色，形成两道翼斑。飞羽暗褐色，具黄白色羽缘。下体白色，喉侧、胸和两胁密布黑色纵纹。尾羽褐色，具白色羽缘。脚肉褐色。冬羽色淡，顶冠纹与侧冠纹混杂。雌鸟似雄鸟冬羽，顶冠纹和耳羽淡红棕色，侧冠纹黑褐色。

小鹀 / 雄鸟 / 孙虎山

冬候鸟。10 月至次年 5 月常见于岛上各处林地、草地和芦苇荡。

小鹀 / 雌鸟 / 王宜艳

黄眉鹀 *Emberiza chrysophrys* Yellow-browed Bunting 鹀科 Emberizidae

黄眉鹀，体长15 cm。嘴粉色，嘴峰和下嘴端灰褐色。虹膜深褐色。雄鸟额、头顶、眼先、耳羽外缘、髭纹均为黑色，具白色顶冠纹。眉纹前部为特征性的鲜黄色向后转为白色，褐色耳羽内具一白色点斑，颊白色，颏黑色。上体褐色，后颈具栗褐色细纹，背、肩具黑褐色纵纹，腰、尾上覆羽偏栗红色。翼黑褐色，中、大覆羽尖端白色而形成两道白色翼斑，覆羽和飞羽羽缘棕色或灰白色。下体污白色，喉和胸具黑色细纵纹，两胁密布黑色粗纵纹，腹、尾下覆羽白色。尾羽黑褐色，具浅色羽缘。脚粉红色。雌鸟头部褐色，耳羽淡褐色，下体纵纹较少。

旅鸟。4、5月和10、11月见于岛上主道旁林地林缘及其周边草地。

黄眉鹀 / 雌鸟 / 孙虎山

黄眉鹀 / 雄鸟 / 孙虎山

| 田鹀 | *Emberiza rustica* | Rustic Bunting | 鹀科 Emberizidae |

田鹀，体长 14.5 cm。嘴粉色，尖端灰色。虹膜深褐色。雄鸟夏羽具黑色短羽冠，白色眉纹从眼部开始后延，眼圈白色，耳羽黑褐色而后方有一白色点斑，颊纹白色，颚纹黑褐色，颏、喉白色。上体红褐色，背部具黑褐色纵纹，腰和尾上覆羽具独特的褐红色鳞状纹。翼羽褐色，具淡色的羽缘，中、大覆羽羽端白色，形成两道白色翼斑。下体白色，喉具黑色细纵纹，胸和两胁的羽端栗红色，从而形成栗红色胸带及体侧的栗色粗纵纹。尾羽黑褐色，具土白色羽缘。脚粉红色。冬羽头顶淡褐色，具黑色细纵纹。雌鸟似雄鸟冬羽，黑色羽冠转为褐色并具细纵纹，胸和两胁的栗红色较浅。

冬候鸟。10 月至次年 4 月见于岛东南部林地和草地。

田鹀 / 雌鸟 / 孙虎山

田鹀 / 雄鸟 / 孙虎山

黄喉鹀	*Emberiza elegans*	Yellow-throated Bunting	鹀科 Emberizidae

黄喉鹀，体长 15 cm。嘴黑褐色，基部粉色。虹膜深褐色。雄鸟头顶羽冠黑褐色，眉纹长而宽，自额基延伸到后枕，前半段白色沾黄，后半段变粗且呈明亮的黄色。贯眼纹黑色且宽，自眼先、眼周、颊、耳区至枕部，额黑色，喉亮黄色。上体后颈灰褐色，背、肩栗褐色，具粗著的黑色羽干纹和棕灰色羽缘，腰和尾上覆羽棕灰色。翼上覆羽和飞羽黑褐色，具棕灰色羽缘，中、大覆羽具棕白色端斑形成两道翼斑。下体白色，胸具半月形黑斑，两胁具褐色纵纹。尾羽黑褐色。脚肉色。雌鸟头部黑色部分转为褐色，眉纹皮黄色或后段沾黄色，眼先、颊、耳羽、头侧褐色，喉皮黄色，胸和两胁具黑褐色纵纹，胸无黑色半月形斑。

冬候鸟。11 月至次年 4 月常见于岛东南部林地。

黄喉鹀 / 雄鸟 / 孙虎山

黄喉鹀 / 雌鸟 / 孙虎山

| 栗鹀 | *Emberiza rutila* | Chestnut Bunting | 鹀科
Emberizidae |

栗鹀，体长 15 cm。嘴粉褐色。虹膜深褐色。雄鸟夏羽整个头部和上体均为栗红色，腰和尾上覆羽色较浅，微染灰绿色。小翼羽黑色，初级覆羽暗褐色，具青绿色羽缘，其余翼上覆羽栗红色。飞羽暗褐色，具橄榄绿色羽缘，内侧次级飞羽栗红色。下胸、腹、尾下覆羽亮黄色，两胁具黑色纵纹。尾羽暗褐色，具青绿色羽缘。脚粉色。冬羽栗红色部分变为锈褐色并具黄色羽缘，羽色斑驳。雌鸟眼先、眼周和眉纹灰色，头顶栗褐色，中央偏黄并具黑色纵纹，颊、颏和喉皮黄色，颚纹黑色。上背和肩羽栗褐色，具黑色宽纵纹。下背和腰淡栗红色，翼上覆羽和飞羽暗褐色，具淡的羽缘。胸以下下体浅黄色，胸和两胁具黑褐色纵纹。

旅鸟。4、5月和9、10月见于岛西北部林地林缘。

栗鹀 / 雄鸟 / 孙虎山

栗鹀 / 雌鸟 / 孙虎山

| 灰头鹀 | *Emberiza spodocephala* | Black-faced Bunting | 鹀科 Emberizidae |

灰头鹀，体长 14 cm。上嘴黑褐色，下嘴粉色。虹膜深褐色。雄鸟夏羽嘴基、眼先、颏黑色，头部其他部位、颈和上胸石板灰色。上体褐色，背部具较宽的黑色纵纹。翼上小覆羽淡红褐色，中、大覆羽黑褐色，具浅色羽缘及黄白色羽端而形成两道白色翼斑。飞羽暗褐色，具黄白色羽缘。下体白色，胸和两胁具黑褐色纵纹。尾羽暗褐色。脚粉褐色。冬羽头颈部偏橄榄绿色，喉部灰白色。雌鸟眼先、眼周、眉纹、耳区、颈侧灰褐色沾黄色，具黑色颚纹。颊、颏、喉黄白色，胸以下下体白色，两胁密布黑色纵纹。

旅鸟。4、5 月和 9、10 月常见于岛上各处淡水或咸淡水沼泽地。

灰头鹀 / 日本亚种雌鸟 / 孙虎山

灰头鹀 / 日本亚种雄鸟 / 孙虎山

灰头鹀 / 西北亚种雄鸟 / 孙虎山

灰头鹀 / 指名亚种雄鸟 / 孙虎山

| 苇鹀 | *Emberiza pallasi* | Pallas's Bunting | 鹀科
Emberizidae |

苇鹀，体长 14 cm。嘴形较直，上嘴灰黑色，下嘴粉色。虹膜深褐色。雄鸟夏羽额、头顶和枕部黑色，具黄色羽缘，眼先、眼周、颊和耳羽黑色，颚纹白色。颈部具一醒目的白色颈环，与白色颚纹相连。上体背和肩沙褐色，具黑色纵纹。腰浅灰色，具黑色羽干纹。翼上小覆羽灰色，形成特征性灰斑，其余覆羽及飞羽黑褐色，具沙黄色或灰白色羽缘。颏、喉黑色，上胸中央黑色，下体余部白色。尾羽黑褐色，具褐白色羽缘。脚粉褐色。冬羽黑色部分转为沙褐色，仅喉和上胸中央杂有黑色。雌鸟眉纹黄白色，头侧栗褐色，额、头顶黑褐色，具沙黄色羽缘，一簇暗褐条纹围绕喉部。背、肩暗褐色，具栗色羽缘。腰和尾上覆羽浅沙黄色，胸、胁和尾下覆羽下体白色沾沙黄色。

冬候鸟。10 月至次年 5 月常见于岛西部和岛东南部的芦苇荡。

苇鹀 / 非繁殖羽 / 孙虎山

苇鹀 / 繁殖羽 / 孙虎山

红颈苇鹀 *Emberiza yessoensis* Ochre-rumped Bunting 鹀科 Emberizidae

红颈苇鹀，体长 15 cm。嘴黑褐色。虹膜深褐色。雄鸟夏羽头部黑色区别于苇鹀，有的具不明显棕白色眉纹。颈和上背栗红色，背和肩羽栗褐色并具黑色粗纵纹，腰和尾上覆羽栗红色。小覆羽灰褐色，具栗色羽缘。中、大覆羽黑褐色，具宽阔的栗色羽缘，飞羽黑褐色并具栗红色羽缘。胸部沾栗色，胸以下下体棕白色，两胁有锈褐色纵纹。中央一对尾羽淡栗色，其余尾羽黑褐色，具栗色窄羽缘。脚粉色。冬羽头部栗和黑色纵纹交杂，上体浅栗色，颊和喉皮黄色。雌鸟头部黑褐色，具皮黄色或锈栗色的纵纹，眉纹、颊和喉黄白色，颚纹黑色。

旅鸟。4、5月和 10、11 月见于岛东南部草地和芦苇荡。

红颈苇鹀 / 周志浩

红颈苇鹀 / 孙虎山

参考文献

陈克林 . 黄渤海湿地与迁徙水鸟研究 [M]. 北京： 中国林业出版社， 2006.

陈小麟，方文珍，林清贤，等 . 福建省滨海湿地水鸟 [M]. 北京：高等教育出版社， 2012.

贾建华，田家怡 . 黄河三角洲湿地鸟类名录 [J]. 海洋湖沼通报， 2003（1）： 77−81.

贾文泽，田家怡，王秀凤，等 . 黄河三角洲浅海滩涂湿地鸟类多样性调查研究 [J]. 黄渤海

海洋， 2002， 20（2）： 52−59.

[英国] 约翰·马敬能 . 中国鸟类野外手册 [M]. 北京：商务印书馆， 2022.

刘月良 . 黄河三角洲鸟类 [M]. 北京：中国林业出版社， 2013.

吕卷章，朱书玉，赵长征，等 . 黄河三角洲国家级自然保护区鸻形目鸟类群落组成研究 [J].

山东林业科技， 2000（5）： 1−5.

聂延秋 . 内蒙古野生鸟类 [M]. 北京： 中国大百科全书出版社， 2013.

赛道建，王禄东，刘相甫，等 . 黄河三角洲鸟类研究 [J]. 山东林业科技，1992（3）： 59−64.

赛道建 . 山东鸟类志 [M]. 北京： 科学出版社， 2017.

单凯，于君宝 . 黄河三角洲发现的山东省鸟类新纪录 [J]. 四川动物， 2013， 32（4）：

609−612.

孙虎山， 王宜艳 . 烟台市区习见鸟类原色图谱 [M]. 济南：山东大学出版社， 2019.

田家怡 . 黄河三角洲鸟类多样性研究 [J]. 滨州教育学院学报， 1999， 5（3）： 35−42.

赵欣如 . 北京鸟类图鉴 [M]. 北京：北京师范大学出版社， 2014.

郑光美 . 中国鸟类分类与分布名录 [M]. 3 版 . 北京：科学出版社， 2017.